ALEXANDER VON HUMBOLDT

ALEXANDER VON HUMBOLDT

AUS MEINEM LEBEN

AUTOBIOGRAPHISCHE BEKENNTNISSE

ZUSAMMENGESTELLT UND ERLÄUTERT VON KURT-R. BIERMANN

VERLAG C. H. BECK
MÜNCHEN

Die Übersetzung der
bislang nur in französischer Sprache erschienenen Texte
nahm Kurt-R. Biermann vor.

Mit 16 Farb- und 34 Schwarzweißabbildungen

ISBN 3 406 31996 3
Ausgabe für die Bundesrepublik Deutschland,
Berlin (West), die Schweiz und Österreich
2. Auflage
Verlag C. H. Beck, München 1989

Satz und Druck: Offizin Andersen Nexö
Printed in the German Democratic Republic

INHALT

ZUR EINFÜHRUNG

In einer noch zu Lebzeiten Alexander von Humboldts, sechs Jahre vor seinem Tode, erschienenen Biographie heißt es: »Gewöhnlich wird erst nach dem Tode solcher Männer die höhere Bedeutung ihres Strebens und Schaffens anerkannt. Alexander von Humboldt hat das Glück gehabt, noch während seines Lebens weit über die Grenzen Europas hinaus als Repräsentant der Wissenschaften erkannt und verehrt zu werden. Seinen Namen wird man auch in Jahrhunderten noch mit Achtung nennen, obgleich die Naturwissenschaften ... sich mächtig fortentwickeln und bald selbst dasjenige Ziel weit überschreiten werden, das ihnen Humboldt mit prophetischer Hand vorgezeichnet hat.«[1]

Wenn wir heute Bilanz ziehen, so müssen wir sagen, daß die Vorhersage jenes Autors vor über 130 Jahren in vollem Umfange eingetroffen ist. Obwohl die Naturwissenschaften seither Fortschritte gemacht haben, von denen Humboldt kaum träumen konnte – denken wir nur etwa an Weltraumforschung, Molekularbiologie, Kernphysik und Mikroelektronik –, steht sein Nachruhm nicht hinter dem zurück, was ihm seine Zeitgenossen von Goethe bis Darwin, von Gauß bis Liebig, von Gay-Lussac bis Arago an Bewunderung gezollt haben. Das wurde erst 1984 wieder deutlich, als sich der Todestag des großen Naturforschers und Humanisten zum 125. Male jährte und sein Andenken vielfach geehrt wurde, davon künden in aller Welt etwa 1000 Namengebungen in Geographie und Wirtschaft, in wissenschaftlichen Disziplinen und Institutionen.

1 Arthur Friedrich Bussenius (anonym), Alexander von Humboldt, Cassel 1853.

Wer war Humboldt, und wie ist das Phänomen unverminderter Berühmtheit zu erklären?

Wie sein Leben abgelaufen ist, wie Humboldt sich selbst sah und wie er gesehen werden wollte, das sollen die hier zum ersten Mal vereinten autobiographischen Äußerungen Humboldts deutlich machen. Wir brauchen daher in dieser Einführung nicht ausführlich auf den Lebensablauf Humboldts einzugehen und können uns mit einer Schilderung der wichtigsten Etappen im Überblick begnügen. Worauf sein Nachruhm basiert, bedarf indessen etwas näherer Erläuterung, um aufzuzeigen, was Humboldt an Bleibendem hinterlassen hat.

Damit ist die Gliederung unserer Einleitung vorgegeben. Wir werden zunächst kurz die wichtigsten Stationen im Leben Humboldts rekapitulieren und danach zu umreißen suchen, worin die Größe Humboldts aus unserer heutigen Sicht besteht. Dem werden wir einige notwendige Vorbemerkungen zu den hier wiedergegebenen Humboldtschen Selbstzeugnissen anschließen.

Geboren am 14. September 1769 in Berlin als Sohn eines früheren Offiziers, wurde Alexander von Humboldt zusammen mit seinem zwei Jahre älteren Bruder Wilhelm, dem später als Staatsmann und Reformer, Philosoph und Sprachforscher berühmt gewordenen Gründer der heute den Namen beider Brüder führenden Humboldt-Universität, durch Hauslehrer im Geiste der Aufklärung unterrichtet. Alexanders Bildung und Ausbildung wurde auf den Universitäten Frankfurt/Oder und Göttingen, an der Handelsakademie in Hamburg und an der Bergakademie in Freiberg (Sachsen) 1787 bis 1792 fortgesetzt. Bildungs- und Studienreisen führen ihn u. a. nach Südwestdeutschland (1789) und England (1790). Von nachhaltiger Wirkung ist die Begegnung mit dem Botaniker Carl Ludwig Willdenow (1765–1812) in Berlin 1788 und die erwähnte Reise mit Georg Forster (1754–1794) nach Belgien, Holland und England mit einem Aufenthalt auf der Rückreise im revolutionären Paris. Der Anblick der Willdenowschen Herbarien mit ihren Spezimina aus fernen Ländern, der Umgang und die Reise mit Forster, dem Begleiter von James Cook (1728–1779) auf dessen zweiter Weltumseglung 1772/75, später führender Kopf der Revolution in Mainz 1792/93, der Anblick der Häfen und Schiffe, des Handels und Wandels, der Besuch wissenschaftlicher Sammlungen, das Erlebnis des revolutionären Elans in Paris – all das läßt den Wunsch erstarken, die preußische Enge zu verlassen und als Naturforscher in die Ferne zu ziehen, und bildet den Ausgangspunkt für bleibende Beeindruckung durch die Ideen der Französischen Revolution. Aber noch fügt er sich dem Wunsch der Mutter – der Vater war bereits 1779 verstorben – und tritt 1792 in den preußischen Bergdienst ein. Es folgt ein Lebensabschnitt als höherer Bergbeamter in den damals zu Preußen gehörenden fränkischen Fürstentümern. Neben erfolgreicher Bewältigung der dienstlichen Aufgaben führt Humboldt geologische, mineralogische, physiologisch-chemische und botanische Forschungen aus, publiziert seine Resultate und wird rasch bekannt. Bergmännisch-halurgische Besichtigungsreisen nach Österreich, Polen und Böhmen 1792 und 1794, eine wissenschaftliche Reise nach Oberitalien, in die Schweizer und französischen Alpen 1795, diplomatische Aufträge und damit verbundene Reisen in die Niederlande und nach Württemberg (1794 bzw. 1796) weiten seinen Horizont. Am 19. November 1796 stirbt die Mutter: Humboldt ist nun unabhängig und verläßt den Staatsdienst. In Jena eignet er sich weitere Kenntnisse für eine nun schon konkretere Umrisse annehmende große Forschungsreise an und verkehrt dort und in Weimar freundschaftlich mit Goethe und Schiller; auch dieser Umgang hat prägenden Charakter. Über Wien und Salzburg geht Humboldt nach Paris, wo er bis zum 20. Oktober 1798 bleibt, sein Wissen und Können im Verkehr mit den französischen Gelehrten noch mehr vervollkommnend. Mehrere Reisepläne scheitern – es ist die Zeit napoleonischer Kriege –, aber im Frühjahr 1799 erhält er in Madrid mit Glück und Geschick die Erlaubnis zu einer Forschungsreise durch die spanischen Kolonien. Am 5. Juni 1799 segelt er mit seinem Begleiter Aimé Bonpland (1773–1858), einem französischen Arzt und Botaniker, von La Coruña ab – erst am 3. August 1804 betreten die beiden Reisenden in Bordeaux wieder europäischen Boden. Dazwischen liegt die große amerikanische Forschungsreise durch die heutigen Staaten Venezuela, Kuba, Kolumbien, Ekuador, Peru und Mexiko, liegt die zweite, die wissenschaftliche Entdeckung Amerikas durch Humboldt. Einer Italienreise 1805 und vorübergehendem Verweilen in Berlin folgt von Ende 1807 an dauernder Aufenthalt in Paris bis zum 14. April 1827 im Zeichen der Auswertung der amerikanischen Reise und der Vorbereitung auf eine Reise nach Asien. Mehrfache Vorbereitungsreisen nach London (1814, 1817, 1818) führen nicht zur Erlaubnis, durch Indien nach Tibet reisen zu dürfen. Die Asienreise wird erst 1829 als russisch-sibirische Reise von Berlin aus, wo Humboldt 1827 wieder seinen bleibenden Wohnsitz genommen hat, durchgeführt. Die Pariser

Zeit wurde 1811 durch Reisen nach Wien und Preßburg (Bratislava), 1822 nach Italien und Berlin, 1826 nach Berlin, die bis zum Tode andauernde Berliner Periode durch acht Paris-Reisen, eine Reise nach England (1842) und nach Kopenhagen (1845) sowie eine Anzahl kleinerer Reisen unterbrochen. Aber der Lebensabend in Berlin gehört vor allem der Auswertung der ebenso ausgedehnten wie ertragreichen Sibirienreise von 1829 sowie der Ausarbeitung der »Kosmos« genannten, populärwissenschaftlichen physischen Weltbeschreibung.

Am 6. Mai 1859 starb Humboldt in Berlin, fast 90 Jahre alt.

Dies kann hier zur Kennzeichnung der Hauptetappen in Humboldts Leben genügen, zumal alle wünschbaren näheren Einzelheiten aus den unten wiedergegebenen autobiographischen Betrachtungen zu entnehmen sind.[2]

Wir kommen nun zu einer Bestandsaufnahme dessen, was Humboldts Ruhm heute noch unvermindert andauern läßt.

Unbezweifelbar war es Humboldts amerikanische Forschungsreise von 1799 bis 1804, die in erster Linie dafür gesorgt hat, daß sein Name noch heute einen so hellen Klang besitzt. Gewiß, es waren vor ihm andere Forschungsreisende in Lateinamerika gewesen, andere weilten dort gleichzeitig mit ihm, aber keiner hatte ein so umfassendes Forschungsprogramm wie er, keiner hat das Ganze von Natur, Geschichte und Gesellschaft so wie er beobachtet und gemessen, geschildert und analysiert. Flora und Fauna, Klima und Landschaftscharakter, geographische Ortsbestimmungen und magnetische Messungen, Vulkane und Sternschnuppen, Meeresströmungen und Bodenschätze, Handel und Gewerbe, Bevölkerungszahl und -zusammensetzung, Höhen und Tiefen – alles und jedes wurde aufmerksam studiert und festgehalten, sei es in Form von Sammlungen, sei es in Form von Zeichnungen, sei es in Tagebucheintragungen, Meßprotokollen oder in brieflichen Berichten. Und nicht etwa auf den gegenwärtigen Zustand beschränkten sich seine Untersuchungen; in gleicher Weise bezog er die Vergangenheit mit ein, mochte sie präkolumbianisch sein oder die spanische Kolo-

2 Weitere Daten im Leben Humboldts können entnommen werden: Kurt-R. Biermann, Ilse Jahn und Fritz G. Lange, Alexander von Humboldt. Chronologische Übersicht über wichtige Daten seines Lebens, 2. Aufl., Berlin 1983. (Beiträge zur Alexander-von-Humboldt-Forschung, Bd. 1). – Zur eingehenderen Orientierung über die Biographie Humboldts wird verwiesen auf: Kurt-R. Biermann, Alexander von Humboldt, 3. Aufl., Leipzig 1983. (Biographien hervorragender Naturwissenschaftler, Techniker und Mediziner, Bd. 47).

nialzeit betreffen, mochte sie sich in Baudenkmälern oder in Archivalien manifestieren, mochten ihre Zeugnisse in Büchern oder nur in mündlichen Überlieferungen festgehalten sein. Erhebungen gegen die Kolonialherrschaft in früheren Zeiten wurde die gleiche Aufmerksamkeit zuteil wie den Anzeichen revolutionärer Unruhe unter der Jugend zur Zeit seiner Reise. Die Auswertung der Reise Humboldts in dem größten Reisewerk, das je von einer Privatperson herausgegeben wurde, stärkte das Selbstbewußtsein der Bürger Lateinamerikas in entscheidendem Maße und sicherte dem Autor einen dauernden Anspruch auf Dankbarkeit. So wird das Wort Simón Bolívars (1783–1830), des Befreiers Lateinamerikas vom spanischen Kolonialjoch, verständlich, Humboldt habe mehr Gutes für Amerika bewirkt als alle seine Eroberer.

Der europäischen Wissenschaft aber hat Humboldt durch seine Reise Mittel- und Südamerika ins Bewußtsein gerückt und ihr Interesse auf diesen Subkontinent gelenkt, aber auch auf die bereits in Lateinamerika wirkenden Gelehrten. Das hat in der bekannten, zu einem geflügelten Wort gewordenen Einschätzung seinen Niederschlag gefunden, wonach die Forschungsreise die zweite, die wissenschaftliche Entdeckung Amerikas darstelle.

Wenn heute der Name Humboldt in Lateinamerika einen höheren Bekanntheitsgrad besitzt als Goethe und Beethoven zusammengenommen, dann sind also dies die Ursachen: Einerseits wies er den von ihm besuchten Ländern den Weg in die Zukunft, zu sozialer und nationaler Freiheit, andererseits eröffnete er der Wissenschaft den Zugang zu vorher unbekannten oder unzureichend erforschten Gebieten. Das ist nicht in dem Sinn zu verstehen, daß Humboldt als erster gänzlich unbekannte Gegenden besuchte. Wohin er auch seinen Fuß in Amerika gesetzt hat, es waren dort andere vor ihm gewesen. Aber er brachte als erster gesicherte Fakten in großem Umfang mit, ersetzte Legenden durch Tatsachen und entschied strittige Fragen.

Belegen wir das an einigen Beispielen.

Durch seine große Orinocoreise vom 30. März bis zum 13. Juni 1800 von 75 Tagen Dauer erbrachte er den Beweis für den bis dahin angezweifelten Zusammenhang zwischen den Stromsystemen des Orinoco und dem des Amazonas: Vom Río Negro aus, einem Nebenfluß des Amazonas, erreichte er auf dem Flußwege, dem Casiquiare, den Orinoco und lieferte so den Beweis für die Gabelung des Orinoco.

Humboldt war es, der zuerst gesicherte Nachrichten über das indianische Pfeilgift Curare nach Europa brachte, es damit der Legende entzog und wissenschaftlicher Untersuchung erschloß. Er entwickelte eine Methode zur Bestimmung der Lichtstärke von Sternen der südlichen Hemisphäre mit Hilfe des Sextanten. Seine erdmagnetischen Messungen waren die Grundlage für die Erkenntnis, daß die geomagnetische Kraft von den magnetischen Polen zum magnetischen Äquator abnimmt. Seine Höhenmessungen waren Ausgangspunkt für den erstmaligen Entwurf des Profils ganzer Länder. Humboldts geographische Ortsbestimmungen berichtigten die Landkarten seiner Zeit in erheblichem Maße. Er entdeckte die tagesperiodische Variation der Schallintensität, seit 1955 »Humboldt-Effekt« genannt. An die 60000 Spezimina von Pflanzen, darunter 3600 bis dahin unbekannte Spezies, die er und sein unermüdlicher Helfer und Begleiter Bonpland gesammelt hatten, erreichten Europa. Die Dahlienzucht in der »alten Welt« hat in Humboldt ihren Initiator zu sehen, brachte er doch Georginenknollen aus Mexiko mit. Er führte als erster den Naturdünger Guano nach Europa ein, der in den folgenden Jahrzehnten für die Landwirtschaft eine gar nicht zu überschätzende Bedeutung erlangte. Mit seiner Ersteigung des Chimborazo, der damals als höchster Berg der Welt galt, stellte er einen lange Bestand behaltenen Höhenrekord auf, auch wenn er den Gipfel infolge fehlender alpiner Ausrüstung nicht ganz erreichen konnte. Es ging ihm aber hierbei nicht in erster Linie um den Rekord, sondern diese Besteigung ist Teil seiner vulkanologischen Untersuchungen, die ihn zu seiner Spaltentheorie mit der Erklärung der Anordnung der Vulkane und ihres Zusammenhangs mit der Gebirgsbildung führten.

Die systematische Untersuchung des Zusammenhangs zwischen Pflanzenstandorten, ihrer Höhe über dem Meeresspiegel und ihrer geographischen Lage ließ Humboldt zum Begründer der Pflanzengeographie werden. Seine Temperaturmessungen brachten ihn auf den Gedanken, auf einer Karte die Orte gleicher Jahresmitteltemperatur durch Linien – die »Jahresisothermen« – zu verbinden, wodurch er zum Begründer der vergleichenden Klimatologie wurde. Daß der Gedanke einer Verbindung zwischen Pazifik und Atlantik – erst rund ein halbes Jahrhundert nach Humboldts Tod in Form des Panama-Kanals verwirklicht – lebendig blieb, ist wesentlich Humboldt mit zu verdanken, der schon auf seiner amerikanischen Reise die Vorteile eines solchen Schiffahrtsweges erkannte und sie über

50 Jahre hindurch propagiert hat. Die Aufzählung solcher Details könnte noch lange fortgesetzt werden, aber die gebotenen Beispiele genügen, um die ganz außerordentliche Fruchtbarkeit der wissenschaftlichen Ergebnisse seiner amerikanischen Reise zu belegen.

Humboldt hat, wie bereits erwähnt, die Resultate seiner Reise in einem gewaltigen Reisewerk publiziert. Es umfaßt in seiner sogenannten großen Ausgabe 30 Bände in Folio und Quartformat und 4 Bände im Oktavformat; zur »kleinen« Ausgabe in Oktav rechnete er 35 Bände. Die Verbindung von Anschaulichkeit mit Exaktheit, von hoher Sprachkultur mit Verständlichkeit sicherten diesem Opus eine bedeutende Wirkung auch in der Richtung, daß seine Reise zum Vorbild für alle späteren Forschungsreisen wurde. Charles Darwin (1809–1882) hat daher mit vollem Recht Humboldt den »Vater einer großen Nachkommenschaft von Forschungsreisenden« genannt.[3] Darwin selbst können wir zu diesen Nachfahren Humboldts rechnen, hat er doch dessen amerikanischen Reisebericht mit an erster Stelle unter den Werken aufgeführt, die den Wunsch nach einer eigenen Reise in ihm geweckt haben. Unter den vielen, die, vom Studium Humboldtscher Schriften beeinflußt, zum reisenden Naturforscher geworden sind, sei Ernst Haeckel (1834–1919) hervorgehoben.

Schließlich sollen nur noch zwei von Humboldt geförderte Reisende namhaft gemacht werden, weil sie für die von ihnen erforschten Gebiete das geworden sind, was er für Lateinamerika war: Philipp Franz von Siebold (1796–1866) für Japan und Ludwig Leichhardt (1813–1848) aus Trebatsch bei Cottbus für Australien.

Friedrich Engels (1820–1895) hat Humboldt bei der Nennung des »vergleichenden Elements« als einen derjenigen Forscher aufgeführt, die eine Bresche in die konservative Naturanschauung geschlagen haben.[4] In der Tat spielte schon in der amerikanischen Reise wie späterhin die Methode des Vergleichs eine dominierende Rolle in Humboldts Forschungsmethodik. Er verglich die Überlieferungen aus der Geschichte mit dem, was er in der Gegenwart sah, maß und registrierte. Die Resultate fremder Autoren verglich er mit seinen eigenen Feststellungen. Die

3 Ilse Jahn, Dem Leben auf der Spur. Die biologischen Forschungen Alexander von Humboldts, Leipzig, Jena, Berlin 1969, S. 191.

4 Friedrich Engels, Dialektik der Natur, Berlin 1952, S. 207.

Wüsten und Steppen der Welt unterwarf er dem Vergleich. Die Temperaturen der nördlichen und der südlichen Hemisphäre wurden ebenso miteinander verglichen wie etwa die Verbreitung der Pflanzen in Abhängigkeit von der Höhenlage oder die Physiognomik von Gebirgszügen bzw. die von Pflanzen. Gipfelhöhen und Paßhöhen wurden dem Vergleich unterworfen, ebenso Hochflächen, Wasserfälle, Grenzen des ewigen Schnees ... Er verglich die gesellschaftlichen Verhältnisse, die soziale Lage der Bevölkerung, den Handel in Lateinamerika, in den USA und in Spanien. Er verglich die Lage der Indios mit der von ihren Höfen vertriebener mecklenburgischer Bauern. Die Meisterschaft in der Handhabung der Methode des Vergleichs war es, die ihn zum Begründer der vergleichenden Landschaftskunde, der vergleichenden Erdkunde, der vergleichenden Klimatologie ... werden ließ. Die Anwendung der Methode des Vergleichs befähigte ihn, um nur noch ein Beispiel zu nennen, zur Vorhersage von Diamantenvorkommen im Ural. Damit kommen wir zur zweiten Humboldtschen Forschungsreise, die zur Erhaltung seines Ruhms entscheidend beigetragen hat: seine russisch-sibirische Reise von 1829. Noch während seiner Anwesenheit in Rußland erfüllte sich nämlich die eben genannte Prophezeiung durch den Fund von Diamanten.

Der Wunsch, die Anden, Pyrenäen und die Alpen mit dem Ural zu vergleichen, war die Modifizierung eines viel älteren Wunsches nach einem Vergleich der Kordilleren mit dem innerasiatischen Kettengebirgssystem des Kunlun. Schon bald nach der Rückkehr nach Europa hatte sich Humboldt mit dem Plan einer asiatischen Forschungsreise zu befassen begonnen, aber das Ausbleiben der Genehmigung, über Indien in den Himalaja reisen zu dürfen, und das Scheitern der Absicht einer ausgedehnten Reise nach Ostsibirien von sieben bis acht Jahren Dauer durch den Angriff Napoleons auf Rußland im Jahre 1812 hatten die Realisierung solcher Vorhaben verhindert. Erst eine Ende 1827 durch den russischen Finanzminister Georg Graf Cancrin (1774–1845) ausgesprochene Einladung ließ den alten Wunsch zur Wirklichkeit werden.

Diese Reise, auf der allein auf russischem Gebiet 15000 Kilometer in 8 1/2 Monaten zurückgelegt wurden und die bis an die chinesische Grenze führte, hat lange zu Unrecht im Schatten der amerikanischen Reise gestanden; auch sie brachte wieder eine überwältigende Fülle von geologischen, geomagnetischen und klimatologischen Beobachtungen, geographischen Ortsbestimmungen und Höhenmessungen. Vor allem aber brachte sie eine intensive Begegnung mit russischen Naturwissenschaftlern und stellt einen bis in die Gegenwart fortwirkenden Höhepunkt in der Geschichte der deutsch-russischen wissenschaftlichen Wechselseitigkeit dar. Durch sein russisches Reisewerk, dem 7 Bände zuzurechnen sind, und durch seine an Ort und Stelle vorgetragenen Anregungen hat Humboldt einen großen Einfluß auf die russische geographische und geologische Wissenschaft ausgeübt.

Wenn wir hier versuchen, darüber Rechenschaft abzulegen, worauf Humboldts Nachruhm beruht, dann können wir uns jedoch nicht auf die beiden herausragenden Reisen beschränken. In nicht geringerem Umfang hat hierzu seine Rolle als Verbreiter wissenschaftlicher Erkenntnisse beigetragen.

Schon als junger Bergbeamter in Franken hat Humboldt auf eigene Kosten eine Schule zur Bildung und Ausbildung von Bergleuten eingerichtet und dergestalt seine Volksbildungsbestrebungen, denen er sein ganzes Leben hindurch treu blieb, in die Wirklichkeit umzusetzen versucht. Als er 1803 in Mexiko-Stadt weilte, traf er dort einen ehemaligen Kommilitonen aus der Bergakademie in Freiberg wieder, Andrés Manuel del Río (1765–1849). Er steuerte zu einem mineralogischen Werk del Ríos eine Einführung in die geologische Pasigraphie bei und leistete so einen Beitrag zur Qualifizierung mexikanischer Bergleute. Er war und blieb der festen Überzeugung, daß der Wissenschaftler zur Popularisierung seiner Einsichten verpflichtet sei. 1806 veröffentlichte er seine »Ansichten der Natur«, mit denen er den Lesern Einblick in seine Eindrücke in den Tropen vermitteln, ihr Wissen vermehren und ihr Leben mit Ideen bereichern wollte. Dieses Werk erfuhr noch zu seinen Lebzeiten zwei Auflagen (1826 und 1849), jeweils erheblich vermehrt und aktualisiert, und ist neben dem »Kosmos«, auf den wir gleich zu sprechen kommen, bis auf den heutigen Tag immer wieder neu aufgelegt worden und hat so seine andauernde Frische bewiesen. Seine Schilderung des nächtlichen Tierlebens im Urwald, seine Beschreibung von Wasserfällen des Orinoco, seine Begegnung mit der Inkakultur, seine Gefühle beim ersten Anblick des Pazifik vom Rücken der Anden aus verfehlen auch heute nicht ihren Eindruck auf den Leser unserer Tage, nicht zuletzt durch die gehobene Sprache Humboldts. Wir können uns da auf Goethes Urteil berufen, der Humboldt zu den Heroen der Poesie gerechnet wissen wollte.

Das eben erwähnte Alterswerk Humboldts, der fünfbändige »Kosmos. Entwurf einer physischen Weltbeschreibung«, erschienen 1845/62, aber ist das Werk, mit dem er endgültig einen bleibenden Platz als Klassiker der Wissenschaftspopularisierung errungen hat und das bis auf den heutigen Tag beispielgebend für die Verbreitung wissenschaftlicher Kenntnisse geblieben ist.

Mit dieser Publikation, die sogleich zu einem Bestseller wurde, verwirklichte Humboldt alte Pläne. Bereits 1796 hatte er die Idee, eine physische Weltbeschreibung zu verfassen, aber erst Ende 1825 nahm die Absicht konkretere Formen an, als er 14 Monate hindurch in Paris einen Zyklus von einschlägigen Vorträgen in privatem Kreise hielt. Einen großen Schritt kam das Vorhaben seiner Realisierung nach der Rückkehr nach Berlin näher. Dort hielt er im Winter 1827/28 neben 61 Vorlesungen an der Universität auch 16 öffentliche Vorträge über physikalische Erdbeschreibung in der Singakademie (heute Maxim-Gorki-Theater) unter ungeheurem Zulauf. Das war nicht nur auf die Person des Redners und die Art seines Vortrags zurückzuführen; Humboldt befriedigte vielmehr ein Bedürfnis: Die Entwicklung der Produktivkräfte hatte einen Stand erreicht, in dem die Anwendung der Naturwissenschaften zur Notwendigkeit geworden war. Genau im richtigen Moment kam Humboldt mit seiner Vortragsreihe, die sehr wesentlich zur Durchsetzung der Gleichberechtigung der Naturwissenschaften und der naturwissenschaftlichen Bildung beigetragen hat. Das sich im Andrang zu seinen Vorlesungen und Vorträgen artikulierende Interesse wußte Humboldt sogleich zu nutzen, indem er den Bau einer neuen Sternwarte in Berlin durchsetzte. Dabei regte er an, das Observatorium zu bestimmten Zeiten interessierten Bürgern zugänglich zu machen. So sicherte er sich den Anspruch auf einen Platz in den Traditionen der URANIA und der Volkssternwarten. An der Ausarbeitung eines druckreifen Manuskripts des »Kosmos« hinderten ihn zu der Zeit freilich noch anderweitige wissenschaftlich-literarische Arbeiten, seine Reise nach Rußland und Sibirien sowie deren Auswertung. 1845 war es dann soweit – der erste Band erschien und war in kürzester Zeit vergriffen. Zwei Jahre danach erfolgte ein nicht geringerer Ansturm auf den gerade herausgekommenen zweiten Band. Diesen beiden Bänden allgemeinen Inhalts folgten noch drei weitere mit den speziellen Ergebnissen der Naturforschung der damaligen Zeit unter Berücksichtigung des geschichtlichen Werdens und Reifens; Band 3 (1850) astronomisch, Band 4 (1858) terrestrisch orientiert. Der Stoff schwoll unter des greisen Autors Feder so an, daß er seine ursprüngliche Konzeption mehrfach erweitern mußte und endlich noch einen fünften Band begann, der aber durch den Tod des Verfassers ein Torso blieb und im wesentlichen das Register aufnahm. Er erschien 1862, drei Jahre nach Humboldts Ableben. Dieser »Kosmos« war in kürzester Zeit zu einem Standardwerk naturwissenschaftlichen Allgemeinwissens geworden und hat eine bedeutende Rolle auch in der Arbeiterbildungsbewegung gespielt. Nachdrucke und Bearbeitungen, Übersetzungen und Kommentare erschienen in reicher Fülle bis in das 20. Jahrhundert; Auszüge haben noch in unseren Tagen ihre Anziehungskraft neuerlich bewährt.

Wenn Lateinamerika in Humboldt seinen wissenschaftlichen Entdecker erblickt, wenn heute ganze naturwissenschaftliche Disziplinen, wie die physische Geographie, die Klimatologie, die Ökologie oder die Ozeanographie, Humboldt als ihren Begründer oder Mitbegründer in Anspruch nehmen, wenn Organisationen und Zeitschriften zur Verbreitung wissenschaftlicher Kenntnisse in Humboldt einen ihrer geistigen Väter sehen (berühmt geworden ist sein Ausspruch, daß Wissen und Erkennen »die Freude und die *Berechtigung* der Menschheit«[5] seien), so ist damit sein unvermindert anhaltender Nachruhm noch unvollständig erklärt. Sein heutiges Ansehen basiert ganz entscheidend auch auf den humanistischen Schlußfolgerungen, die er aus seinen Beobachtungen der Lage der arbeitenden Menschen gezogen hat.

Humboldt hat in seinen Schriften, Briefen und Tagebüchern alle Formen kolonialer Ausbeutung, rassistischer Diskriminierung und der Sklaverei scharf und eindeutig verurteilt. Diese Übereinstimmung zwischen wissenschaftlicher Erforschung der Natur zum Wohle des Menschen und den aus der Betrachtung der gesellschaftlichen Verhältnisse gezogenen Konsequenzen hat sehr wesentlich dazu beigetragen, daß sein Andenken auch dort besonders geehrt wird, wo heute noch Menschen um ihre soziale und nationale Freiheit ringen. Für Humboldt gab es keine »höheren und niederen Menschenrassen«, keine »edleren Volksstämme, alle sind gleichmäßig zur Freiheit bestimmt«.[6] Für ihn war es eine Selbstverständlichkeit, daß den Indios wie den Afroamerikanern alle Fortschritte der Zivilisation und der ge-

5 Alexander von Humboldt, Kosmos, Bd. 1, Stuttgart und Tübingen 1845, S. 36.
6 Ebenda, S. 385.

sellschaftlichen Ordnung uneingeschränkt zuteil werden müßten. Ja, er stand nicht an zu erklären, daß er auf seine Verurteilung der Unterdrückung größeren Wert lege als auf seine naturwissenschaftlichen Einsichten und statistischen Daten.[7]

Auch die beharrliche, keine Mühen und Erniedrigungen durch die Behörden scheuende Förderung des wissenschaftlichen und künstlerischen Nachwuchses, die Humboldt systematisch praktiziert hat, ist eine Manifestation seiner zutiefst humanistischen Einstellung. Unter dem Einsatz auch eigener finanzieller Mittel hat er durch seinen Rat und durch Eingaben einer Vielzahl junger Talente den Weg geebnet, die noch heute unvergessen sind. Erinnert sei nur an den Techniker Werner von Siemens (1816–1892), an den Physiologen und Physiker Hermann von Helmholtz (1821–1894), an den Ägyptologen Heinrich Brugsch (1827–1894) und den Mathematiker Gotthold Eisenstein (1823–1852), an die Komponisten Felix Mendelssohn-Bartholdy (1809–1847) und Giacomo Meyerbeer (1791–1864), an die Maler Wilhelm von Kaulbach (1804–1874) und Moritz Rugendas (1802–1858), an den Mediziner Robert Remak (1815–1865), an den Physiologen Emil du Bois-Reymond (1818–1896), an den Germanisten und Turner Hans Ferdinand Maßmann (1797–1874), an den niederdeutschen Dichter Klaus Groth (1819–1899), um lediglich einige wenige aus der langen, langen Liste derer aufzuführen, die Humboldt verpflichtet gewesen sind. Gewiß, manche Namen auf jener Liste sind heute vergessen, aber es stehen viele auf ihr, die in Wissenschaft und Kunst Pioniere gewesen sind. Es gab kaum einen, der sich vergeblich an Humboldt gewandt hätte. Der Chemiker Justus von Liebig (1803–1873) erklärte daher in einer Widmung an Humboldt: »Wie viele kenne ich, welche gleich mir die Erreichung ihrer wissenschaftlichen Zwecke Ihrem Schutze und Wohlwollen verdanken! Der Chemiker, Botaniker, Physiker, der Orientalist, der Reisende nach Persien und Indien, der Künstler, alle erfreuten sich gleicher Rechte, gleichen Schutzes; vor Ihnen war kein Unterschied der Nationen, der Länder. Was die Wissenschaften in dieser besonderen Beziehung Ihnen schuldig sind, ist nicht zur Kunde der Welt gekommen, allein es ist in unser aller Herzen zu lesen.«[8] Auch mit seiner Förderung der Jugend hat Humboldt bleibende Maßstäbe geschaffen.

7 Alexander von Humboldt. Eine wissenschaftliche Biographie, hrsg. v. Karl Bruhns, Bd. 2, Leipzig 1872, S. 517.

Naturgemäß bildete die Förderung von Naturwissenschaftlern einen Schwerpunkt. Das war aber nicht nur durch seine Interessenlage bestimmt, vielmehr handelte er dabei nach einer wissenschaftsorganisatorischen Konzeption. 1829 erklärte er: »Berlin soll mit der Zeit die erste Sternwarte, die erste chemische Anstalt, den ersten botanischen Garten, die erste Schule für transzendente Mathematik besitzen. Das ist das Ziel meiner Bemühungen und das einigende Band meiner Anstrengungen.«[9] Und auch zwanzig Jahre danach bezeichnete er es ganz entsprechend als seine Pflicht, für die zu sprechen, »die in Astronomie, Physik, Chemie, Mathematik zugleich durch eminentes Talent und durch Lehrtätigkeit den alten Ruhm deutschen Wissens zu erhalten und zu *erneuern* verheißen«.[10] Aber, wie gesagt, das hinderte ihn nicht, seinen fördernden Schutz auch den Begabungen auf ihm fernerliegenden Gebieten und jungen Künstlern zu schenken. Diese Seite seiner Wirksamkeit hat in nicht geringem Maße zum Fortbestand seines Rufes beigetragen, figuriert Humboldt doch in einer Vielzahl von Biographien bedeutender Persönlichkeiten seiner Zeit als maßgeblicher Protektor.

Damit dürfte hinlänglich deutlich geworden sein, inwiefern die eingangs erwähnte Prophezeiung aus dem Jahre 1853 eingetroffen ist und warum der Name des Naturforschers, Humanisten und Freundes der Völker Humboldt auch heute noch einen so hellen Klang besitzt, so daß wir glauben, bei den Lesern Interesse daran geweckt zu haben – falls es nicht von vornherein bestand –, wie sich der große Mann über sich selbst geäußert hat. Zu diesem Zweck haben wir hier erstmals autobiographische Äußerungen Humboldts zusammengestellt.

Alexander von Humboldt war kein Freund der Selbstbetrachtung. Er hat daher nie daran gedacht, literarisch sein Leben und Erleben, sein Wollen und Wirken zusammenhängend in Form einer ausführlichen Autobiographie für die Mit- und Nachwelt darzustellen. Aber er hat aus verschiedenen Anlässen autobiographische Aufzeichnungen zu Papier gebracht, und zwar in chronologischer Reihenfolge der Ausarbeitung:

Die erste Veranlassung war durch die Notwendigkeit gegeben, die spanischen Behörden darüber zu unterrichten, wer denn da 1799 von ihnen die Erlaubnis zum Besuch der übersee-

8 Hanno Beck, Gespräche Alexander von Humboldts, Berlin 1959, S. 81.
9 Siehe unten Brief 34 im Abschnitt »Selbstzeugnisse in Briefen«.
10 Siehe unten Brief 45 im Abschnitt »Selbstzeugnisse in Briefen«.

ischen Besitzungen begehrte. Dem Zweck der Vorlage entsprechend, geht Humboldt vor allem auf seine Arbeit im Dienst der preußischen Krone und auf seine wissenschaftlichen Arbeiten ein, um einerseits seine politische »Ungefährlichkeit« zu beweisen und um zum anderen deutlich zu machen, daß er eine Persönlichkeit sei, die sich bereits einen Namen gemacht habe. Der Erfolg der Vorlage ist bekannt: Der Minister Urquijo, den Humboldt zufällig 1790 in England kennengelernt hatte, sorgte für die Ausstellung des begehrten Passes und ermöglichte damit die folgenreiche Reise Humboldts, die zweite, wissenschaftliche Entdeckung Amerikas. Wir geben hier zum ersten Mal eine deutsche Übersetzung des Dokuments wieder.

Als sich Humboldt vom 19. Dezember 1800 bis zum 15. März 1801 auf Kuba aufhielt, hat er begonnen, eine Lebensbeschreibung abzufassen.[11] Wir wissen nicht, was ihn dazu veranlaßte. Diese Abhandlung ist verschollen; es ist wenig wahrscheinlich, daß sie noch aufgefunden wird.

Während seines Aufenthalts in Bogotá, der Hauptstadt der heutigen Republik Kolumbien, griff Humboldt am 4. 8. 1801 ein weiteres Mal zur Feder, um sich selbst Rechenschaft darüber abzulegen, wie er zum reisenden Naturforscher geworden war und was ihn nach Übersee getrieben hat. Ohne Zweifel ist diese Skizze die interessanteste von allen erhalten gebliebenen autobiographischen Betrachtungen, da sie von vornherein nicht zur Veröffentlichung, sondern nur zur Selbstverständigung bestimmt war. Hier werden die Einflüsse genannt, die auf ihn gewirkt hatten, und auch das gespannte Verhältnis zur Mutter wie seine Abneigung gegen die Berliner Enge werden ersichtlich. Das ist in dieser Form von Humboldt sonst niemals so geäußert worden. Daß dies überaus wichtige Dokument in unserer Zusammenstellung nicht fehlen darf, versteht sich von selbst.

Anders verhält es sich mit einer stichwortartigen Übersicht »Zeitepochen meines Lebens«, die Humboldt wahrscheinlich 1803 in Mexiko aufgezeichnet hat und die in seinem Reisejournal enthalten ist.[12] Sie endet mit dem Tag der Einschiffung in Guayaquil im heutigen Ekuador am 17. 2. 1803 zur Weiterfahrt nach Acapulco in Mexiko und wurde später noch durch einige Zu-

11 Siehe unten die Anmerkung Humboldts im Abschnitt »Ich über mich selbst« vom 4. 8. 1801 (S. 32).

12 Deutsche Staatsbibliothek Berlin/DDR, Handschriftenabteilung. Tagebuch Alexander von Humboldts Nr. VIII, Blatt 167, Rückseite.

sätze ergänzt, von denen der letzte nach 1852 eingetragen worden sein muß. Wir verzichten auf ihre Wiedergabe, da es sich um eine Aufzählung von Daten handelt, die in anderen von uns hier reproduzierten Dokumenten enthalten sind, verweisen aber gelegentlich auf sie.[13]

Humboldt hatte einen ausgesprochenen Sinn für Öffentlichkeitsarbeit. Scherzhaft hat er das schon im Alter von 23 Jahren so ausgedrückt: »Zum schriftstellerischen Handwerk gehört Läuten.«[14] Und später hat er wirksamen Public relations stets große Bedeutung beigemessen. Mit dieser Seite seiner Aktivitäten steht das nächste Dokument[15] im Zusammenhang, das hier reproduziert wird. Humboldt sandte es am 3.1.1806 aus Berlin an den Genfer Naturforscher Marc-Auguste Pictet (1752–1825), damit dieser es zu Werbezwecken in den Dienst der Verbreitung des Humboldtschen amerikanischen Reisewerks in England stelle. Der Zweckbestimmung entsprechend, hebt Humboldt hier Beziehungen zu britischen Persönlichkeiten hervor, weil er voraussetzen konnte, daß das den englischen Leser, wenn er sich über den Autor informierte, interessieren würde. Diese »Bekenntnisse« werden ebenfalls an dieser Stelle erstmals in deutscher Übersetzung dargeboten.

Zu den Selbstzeugnissen müssen wir die Ausführungen rechnen, mit denen Humboldt seine Schilderung der »Reise in die Aequinoctial-Gegenden des neuen Continents« 1814 einleitete und sich seinen Lesern vorstellte, in denen er auch sehr anschaulich berichtet, wie es überhaupt zu dieser Reise kam und wie er nach Amerika aufbrach. Wir räumen dieser sehr lebendigen Erzählung einen Platz in unserer Anthologie um so bereitwilliger ein, als sie die einzige autobiographische Äußerung Humboldts ist, die in ihrer Urfassung in französischer Sprache auf literarische Wirkung abzielte und vom Autor entsprechend sorgfältig redigiert worden ist.

Das kann man von dem nächsten Stück unserer Sammlung nicht behaupten. Zwar war es ebenfalls zur Publikation bestimmt, aber in einem Konversationslexikon, in dem nicht literarische Qualitäten gefragt sind, sondern es auf eine geschickt verbundene, notwendigerweise trockene Aneinanderreihung von

13 Siehe S. 93, Anmerkung 124, die u. a. auch auf dieser Quelle fußt.

14 Die Jugendbriefe Alexander von Humboldts 1787–1799, hrsg. v. Ilse Jahn und Fritz G. Lange, Berlin 1973, S. 170.

15 Die Überschrift »Meine Bekenntnisse« (in franz. Sprache) stammt von Humboldt selbst; sämtliche übrigen Überschriften wurden vom Herausgeber gewählt.

Informationen ankommt. Es ist die umfangreichste Äußerung Humboldts über seinen Lebenslauf mit den meisten Einzelheiten und zugleich die am weitesten reichende, war ihr Verfasser doch zur Zeit der Niederschrift bereits 83 Jahre alt.

Noch einmal hat Humboldt kurz vor seinem Tode Notizen über sein Leben niedergeschrieben. Es soll sich um eine ganz kurze Schilderung seiner Jugend bis zum Studium in Göttingen 1789 gehandelt haben, der eine Anzahl verschiedenster Daten »bunt durcheinander« folgte.[16] Man hat angenommen, daß Humboldt eine Umarbeitung jenes eben genannten Beitrags für Brockhaus' Konversationslexikon beabsichtigte.[17] Leider sind diese Zettel verschollen, aber wir können wenigstens den Beginn hier wiedergeben:[18]

»Chronologische Folge der Zeitepochen meines Lebens. Ich unternehme nicht, mein sehr bewegtes Leben zu beschreiben, eine Arbeit, zu der mir selbst die genauen Materialien fehlen, und für deren Ausführung ich nie eine Neigung gehabt habe. Der Zweck dieses Blattes beschränkt sich auf die Zeitfolge und Motive kleiner Begebenheiten, an denen das Publikum einen so wohlwollenden Anteil genommen hat, und deren Folge oft sehr unrichtig dargestellt worden ist. Das innere Leben des Menschen wird allerdings durch Begebenheiten anders und vielseitig bestimmt, aber das Gefühlsleben, das eigentliche Leben ist das Produkt gleichzeitiger sehr zusammengesetzter Verhältnisse.«

Diesem eben von Humboldt erwähnten Mangel, dem Fehlen des »Gefühlslebens« in den auf die zeitliche Aufeinanderfolge von Ereignissen abhebenden Übersichten, suchen wir hier dadurch zu begegnen, daß wir zum Abschluß aus fünfzig ausgewählten Briefen solche Stellen wiedergeben, in denen Humboldt nicht nur von Erlebnissen, sondern auch von seinen Ansichten und Urteilen, Plänen und Absichten spricht und in denen er einen Einblick in sein Handeln, Denken und Fühlen in verschiedenen Lebensaltern ermöglicht. Daß eine solche Auswahl ein sehr schwieriges Unterfangen ist, wird jeder bestätigen, der die überwältigende Fülle der erhalten gebliebenen brieflichen Äußerungen Humboldts kennt. Zudem setzte der verfügbare Platz Grenzen. Die Bevorzugung von Äußerungen aus jüngeren Jah-

16 Alexander von Humboldt. Eine wissenschaftliche Biographie, hrsg. v. Karl Bruhns, Bd. 2, Leipzig 1872, S. 119.

17 Ebenda.

18 Ebenda.

ren erklärt sich aus Humboldts mit zunehmendem Alter wachsender Anpassung an die Einstellung des Briefempfängers und an seine in höherem Alter steigende Zurückhaltung in der Wiedergabe von Selbstbetrachtungen. Wir hoffen, daß die getroffene Auswahl dennoch einen repräsentativen Querschnitt bietet. Weitere Mitteilungen über den Charakter und die Überlieferung der reproduzierten Stücke sowie ihre Textgestaltung sind in den den einzelnen Abschnitten vorangestellten Vorbemerkungen enthalten. Sie sind voneinander unabhängig und sollen ermöglichen, daß jeder Abschnitt für sich in beliebiger Reihenfolge gelesen werden kann. Biographische Hinweise zu den einzelnen von Humboldt genannten Personen werden bei deren erstem Auftreten gegeben; bei etwaiger späterer Nennung wird auf die erste Erwähnung in diesem Band verwiesen (Seitenzahl nebst Anmerkungsziffer). Verweisungen in den Anmerkungen ohne Seitenangabe beziehen sich auf den gleichen Textteil.

Es ist bekannt, daß Memoiren kritisch gelesen werden müssen: Gedächtnisirrtümer oder -lücken spielen den Autoren manchen Streich; unbewußtes oder gezieltes Färben ist verständlich oder erklärlich. Es versteht sich, daß auf solche Mängel oder Motive in den Anmerkungen hingewiesen wird.

Schließlich sei darauf hingewiesen, daß Rudolf Borch 1948 eine verdienstvolle Anthologie von Selbstzeugnissen Humboldts herausgegeben hat,[19] die sich aber mit unserer Zusammenstellung nicht überschneidet.

Mögen die folgenden Dokumente dazu beitragen, sowohl die Kenntnis des Lebenslaufs des großen Naturforschers Alexander von Humboldt zu verbreiten als auch die Einsicht in seine humanistischen Motive zu befördern.

Prof. em. Dr. rer. nat. habil. Kurt-R. Biermann

19 Rudolf Borch, Alexander von Humboldt. Sein Leben in Selbstzeugnissen, Briefen und Berichten, Berlin [West] 1948.

MEIN LEBENSLAUF 1769–1799

Vorbemerkung:

Am 23.2.1799 traf Alexander von Humboldt, von Marseille kommend, mit seinem Reisebegleiter Aimé Bonpland (1773–1858) in Madrid ein. Bei seinem Vorhaben, die Erlaubnis zu einer Forschungsreise in die überseeischen spanischen Kolonien zu erhalten, wurde er in Abwesenheit des preußischen Gesandten besonders wirksam von dem mineralogisch sehr interessierten sächsischen Gesandten Philipp Baron von Forell (1758–1808) unterstützt. Dieser dürfte ihm geraten haben, dem spanischen Staatsminister Mariano Luis de Urquijo (1768–1817) eine Ausarbeitung über seine Person und seine Reisegründe zu überreichen. Das scheint nach einer Audienz, die ihm der spanische König Karl IV. (1748–1819) im März 1799 gewährte, geschehen zu sein. Die hier folgende Lebensbeschreibung von der Hand Humboldts, zuerst von Eduard Lentz 1899 in der französischen Originalfassung und als Faksimile veröffentlicht (Alexander von Humboldt's Aufbruch zur Reise nach Süd-Amerika. In: Wissenschaftliche Beiträge zum Gedächtniss der hundertjährigen Wiederkehr des Antritts von Alexander von Humboldt's Reise nach Amerika am 5. Juni 1799, hrsg. v. d. Gesellschaft für Erdkunde zu Berlin, Berlin 1899, S. 1–54 und Faksimiles), stellt wahrscheinlich das von Humboldt Forell überlassene Konzept zu jener, dem spanischen Minister Urquijo überreichten Abhandlung dar. Sie wird hier erstmals in deutscher Übersetzung veröffentlicht; das Faksimile ist der genannten Abhandlung von Lentz entnommen, der die Forellschen, in den Besitz der Gesellschaft für Erdkunde zu Berlin übergegangenen Papiere benutzen konnte.

Nachdem ich eine sehr sorgfältige Erziehung im väterlichen Haus und den Unterricht durch ausgezeichnetste Berliner Gelehrte genossen hatte, beendete ich meine Studien an den Universitäten zu Göttingen und Frankfurt.[1] Damals für das Finanzfach vorgesehen, blieb ich für ein Jahr an der Handelsakademie von Hamburg,[2] einer Institution, die gleichermaßen für die Ausbildung von Kaufleuten wie von solchen Personen bestimmt war, welche dem Staat in der Leitung des Handels, der Banken und Manufakturen dienen sollten. Der kaum verdiente Erfolg meines ersten Werkes über die Basalt-Berge vom Rhein[3] ließ den Chef unserer Bergwerke, den Baron von Heinitz,[4] wünschen, daß ich mich seinem Departement widmete. Ich unternahm dann eine mineralogische und naturwissenschaftliche Reise in Holland, England und Frankreich[5] unter der Leitung von Georg Forster,[6] dem berühmten Naturforscher, der an der Weltreise mit Kapitän Cook teilgenommen hatte. Die meisten der geringen Kenntnisse, die ich besitze, verdanke ich ihm. Aus England zurückgekehrt, erlernte ich die Bergwerkspraxis in Freiberg und im Harz.[7] Nachdem ich einige nützliche Erfahrungen in der Einsparung von Brennmaterial beim Salzsieden gemacht und eine kleine, ins Französische von Coquebert übersetzte Schrift hierüber veröffentlicht hatte,[8], sandte mich der König[9] nach Polen und in den Süden von Deutschland, um die

1 Die chronologische Reihenfolge ist die umgekehrte: Frankfurt/Oder (1.10.1787–20.3.1788) und Göttingen (25.4.1789 bis Anfang März 1790).

2 Mitte August 1790 bis Ende April 1791.

3 Mineralogische Beobachtungen über einige Basalte am Rhein. Mit vorangeschickten, zerstreuten Bemerkungen über den Basalt der ältern und neuern Schriftsteller, Braunschweig 1790.

4 Friedrich Anton Frh. von Heinitz (1725–1802), Chef des preußischen Bergwerks- und Hütten-, Münz- und Salz-Departements.

5 25.3.–11.7.1790.

6 Georg Forster (1754–1794), Teilnehmer an James Cooks (siehe S. 37, Anmerkung 41) zweiter Weltumseglung (1772/75), Naturforscher und Schriftsteller, 1792/93 führender Kopf der Revolution in Mainz.

7 An der Bergakademie Freiberg (Sachsen) studierte Humboldt vom 14.6.1791 bis Ende Februar 1792. Inwiefern er auch im Harz praktische Bergbaustudien betrieben haben will, ist unerfindlich. Er könnte allenfalls an kleinere Exkursionen während seiner Göttinger Studienzeit gedacht haben.

8 Versuch über einige physikalische und chemische Grundsätze der Salzwerkskunde. In: Bergmännisches Journal. 5 (1792) Bd. 1, St. 1, S. 1–45: St. 2, S. 97–141. Von einer Übersetzung durch den französischen Geologen Charles-Étienne Coquebert de Montbret (1755–1831) ist nichts bekannt geworden.

9 Friedrich Wilhelm II. von Preußen (1744–1797).

Steinsalzlager von Wieliczka, Hallein, Berchtesgaden, ... zu studieren.[10] Die von mir ausgearbeiteten Pläne wurden in den neuen Salineneinrichtungen von Magdeburg benutzt. Obwohl ich erst acht Monate im Dienst stand,[11] ernannte mich Seine Majestät, die ihrer Krone die Markgrafschaften von Franken einverleibt hatte,[12] zum Direktor der Bergwerke dieser Provinzen,[13] in denen der Bergbau seit Jahrhunderten vernachlässigt worden war. Ich blieb drei Jahre[14] mit der Bergwerkspraxis befaßt, und der Zufall begünstigte meine Unternehmungen dermaßen, daß die Alaunwerke, die Kobaltgruben und sogar die Goldmine von Goldkronach bald begannen, Gewinn für die Kassen des Königs abzuwerfen. Zufrieden mit diesem Erfolg, sandte man mich ein zweites Mal nach Polen,[15] um Auskunft über den Vorteil zu geben, den man aus dem Gebirge dieser neuen, dann Südpreußen[16] genannten Provinz ziehen konnte. Zu gleicher Zeit entwarf ich die Pläne für eine Verbesserung der Salzgewinnung an den Küsten der Ostsee. Während des ständigen Aufenthalts in den Bergwerken stellte ich eine Reihe recht gefährlicher Versuche über die Mittel zur Herabsetzung der Schädlichkeit unterirdischer Gasarten und zur Rettung erstickter Personen an. Es gelang mir, meine neue antimephitische Lampe, die in keinem Gas verlöscht, und die Atemmaschine zu konstruieren,[17] Instrumente, die gleichzeitig militärischen Pionieren dienen, wenn der

10 23.9.–23.12.1792.

11 Die Ernennung zum Assessor im preußischen Bergdepartement erfolgte am 29.2.1792.

12 Der Markgraf Karl Alexander (1736–1806) trat 1791 Ansbach und Bayreuth gegen eine jährliche Rente an Preußen ab, das als Folge des verlorenen Krieges gegen Frankreich von 1806 diese fränkischen Markgrafenschaften an Bayern verlor.

13 Humboldt wurde am 6.9.1792 zum Oberbergmeister in den fränkischen Fürstentümern ernannt; er stand damals also erst sechs Monate im preußischen Bergdienst (siehe Anmerkung 11) und nicht acht Monate, wie er schreibt.

14 Humboldt schied auf eigenen Wunsch mit Ablauf des Jahres 1796 aus dem preußischen Bergdienst aus, dem er also fast fünf Jahre angehörte, und nicht drei, wie er angibt.

15 Anfang Mai bis Anfang Juni 1794.

16 Bei der zweiten bzw. dritten Teilung Polens preußisch gewordene Gebiete.

17 Über die einfache Vorrichtung, durch welche sich Menschen stundenlang in irrespirablen Gasarten, ohne Nachtheil der Gesundheit und mit brennenden Lichtern aufhalten können; oder vorläufige Anzeige einer Rettungsflasche und eines Lichterhalters. In: Chemische Annalen. 13 (1796) Bd. 2, St. 8–9, S. 99–110, 195–210; Berichtigungen St. 10 Umschlagseite 4. – Von der Aufzählung weiterer einschlägiger Publikationen Humboldts zu dieser Thematik wird Abstand genommen.

feindliche Pionier durch Rauch ihre Arbeiten behindert. Dieser Apparat erhielt den Beifall des Kriegsrates, und seine Einfachheit sorgte für eine sehr rasche Verbreitung im Ausland. In dieser Zeit habe ich auch ein botanisches Werk, die »Flora Fribergensis«,[18] die in mehrere Sprachen übersetzte chemische Physiologie der Pflanzen,[19] und eine große Zahl von physikalischen und chemischen Abhandlungen, teilweise in französischen und englischen Zeitschriften, veröffentlicht.

Nach der Rückkehr aus Polen[20] verließ ich für längere Zeit meinen Sitz im Gebirge und begleitete Herrn von Hardenberg[21] in politischen Aufträgen, mit denen ihn der König unmittelbar vor dem Baseler Frieden[22] betraut hatte. Ich folgte ihm zu den am Ufer des Rheins postierten Armeen, in Holland und in der Schweiz.[23] Dabei hatte ich Gelegenheit, die Alpenkämme, Tirol, Savoyen und den ganzen Rest der Lombardei zu besuchen. Als sich im folgenden Jahr die französischen Armeen gegen Franken vorwärts bewegten, wurde ich in das Hauptquartier von Moreau[24] entsandt,[25] um über die Neutralität einiger Fürsten des Reiches zu verhandeln, deren Verteidigung der König übernommen hatte. Von dem heißen Wunsch beseelt, eine andere Weltgegend zu sehen, und zwar unter Beziehung auf die allgemeine

18 Florae Fribergensis specimen, plantas cryptogamicas praesertim subterraneas exhibens. Accedunt Aphorismi ex doctrina physiologiae chemicae plantarum. Cum tabulis aeneis, Berolini 1793.

19 Nur der Anhang (Aphorismi) der in Anmerkung 18 genannten Monographie wurde durch den Zoologen und Paläontologen Gotthelf Fischer von Waldheim (1771–1853) ins Deutsche übersetzt: Aphorismen aus der chemischen Physiologie der Pflanzen, Leipzig 1794. Von anderen Übersetzungen ist nichts bekannt.

20 Siehe Anmerkung 15.

21 Der Chef der preußischen Verwaltung der beiden fränkischen Fürstentümer Karl August Graf (später Fürst) von Hardenberg (1750–1822), nachmals preußischer Staatskanzler.

22 Durch den von Hardenberg am 5. 4. 1795 zu Basel geschlossenen Frieden schied Preußen aus der antifranzösischen Koalition aus und trat seine linksrheinischen Gebiete an die französische Republik ab.

23 Die diplomatischen Aufträge führten Humboldt bis nach Brabant; Mitte Juli 1794 aus Franken aufgebrochen, kehrte er erst Ende Oktober wieder dorthin zurück, um vom 17. 7. bis zum 20. 11. 1795 eine wissenschaftlichen Zwecken dienende Reise nach Oberitalien, in die Schweizer und französischen Alpen durchzuführen, bei der Hardenberg auf einigen Etappen der Reise mit von der Partie war.

24 Jean Victor Moreau (1763–1813), französischer Militär. Als Republikaner 1804 verhaftet, verließ er das napoleonische Frankreich und nahm auf russischer Seite 1813 am Kampf gegen Napoleon teil, bis er bei Dresden tödlich verwundet wurde.

25 Im Juli 1796.

Naturkunde, nicht nur die Arten und ihre Charakteristika zu studieren (ein Studium, dem man sich bis heute zu ausschließlich gewidmet hat), sondern den Einfluß der Atmosphäre und der chemischen Zusammensetzung auf die Lebewesen, den Bau des Erdballs, die Übereinstimmung der Schichten in den voneinander entferntesten Ländern, endlich die großen Harmonien in der Natur, äußerte ich den Wunsch, den Dienst des Königs für einige Jahre zu verlassen und einen Teil meines kleinen Vermögens dem Fortschritt der Wissenschaften zu opfern. Ich erbat meinen Abschied, aber Seine Majestät,[26] anstatt ihn zu gestatten, ernannte mich zum Oberbergrat,[27] erhöhte mein Gehalt und erlaubte mir, eine Forschungsreise durchzuführen. Da ich in einer so großen Entfernung nicht von Nutzen sein konnte, habe ich die Annahme des Gehalts ausgeschlagen, indem ich Seiner Majestät für die Gunst dankte, die weniger meinen geringen Verdiensten als denen meines Vaters[28] entsprach, welcher bis zu seinem Tod das ausgezeichnetste Vertrauen seines Monarchen genoß.

Um mich auf eine Reise vorzubereiten, deren Zwecke so unterschiedlich sind, habe ich eine auserwählte Sammlung astronomischer und physikalischer Instrumente zusammengestellt, um geographische Ortsbestimmungen vornehmen zu können, um die magnetische Kraft, Ablenkung und Neigung der Magnetnadel, die chemische Zusammensetzung der Luft, ihre Elastizität, ihre Feuchtigkeit und Temperatur, ihre elektrische Ladung, ihre Durchsichtigkeit, die Himmelsfarbe, die Meerestemperatur in großer Tiefe ... messen zu können. Nachdem ich einige sehr überraschende Entdeckungen über den Nervenstrom und die Art, Nerven auf chemischem Wege zu stimulieren (die Reizbarkeit nach Belieben zu vermehren und zu vermindern), gemacht hatte, spürte ich die Notwendigkeit spezielleren Studiums der Anatomie. Ich hielt mich dazu vier Monate an der Universität Jena auf[29] und veröffentlichte die zwei Bände meiner Versuche über die Nerven und den chemischen Prozeß des Lebens,[30] ein

26 Friedrich Wilhelm II. von Preußen (1744–1797).

27 1.5.1795. Mit Ablauf des Jahres 1796 schied Humboldt dann aus dem preußischen Bergdienst aus.

28 Alexander Georg von Humboldt (1720–1779), preuß. Militär und Kammerherr.

29 Kürzere Zeit im Januar, vor allem aber von Anfang März bis Ende Mai 1797.

30 Versuche über die gereizte Muskel- und Nervenfaser, nebst Vermuthungen über den chemischen Proceß des Lebens in der Thier- und Pflanzenwelt, Bd. 1–2, Posen, Berlin 1797[–1798].

Werk, dessen Übersetzung in Frankreich erschienen ist.[31] Ich ging von Jena nach Dresden und Wien,[32] um dort die botanischen Reichtümer zu studieren und erneut nach Italien zu reisen. Die Unruhen von Rom[33] ließen mich von diesem Projekt Abstand nehmen, und ich fand während meines Aufenthalts in Salzburg[34] eine neue Methode der Analyse atmosphärischer Luft, worüber ich eine Abhandlung mit Vauquelin[35] verfaßt habe.[36] Zur gleichen Zeit vollendete ich die Konstruktion meines neuen Barometers und eines von mir Anthrakometer genannten Instruments, weil es den Kohlensäuregehalt der Atmosphäre mißt.[37] Noch in der Hoffnung, bis Neapel gelangen zu können, brach ich nach Frankreich auf,[38] wo ich fünf Monate lang mit Pariser Chemikern arbeitete. Ich hielt mehrere Vorträge im Nationalinstitut,[39] die in die Annalen de Chimie aufgenommen wurden, und ich veröffentlichte zwei Werke, das eine über die Gase in Bergwerken und die Mittel, sie weniger schädlich zu machen,[40] das andere über die Luftanalyse.[41] Das französische Direktorium[42] hatte beschlossen, eine Weltumseglung mit drei Schiffen unter dem Kommando des Kapitäns Baudin[43] durchfüh-

31 Expériences sur le Galvanisme, et en général sur l'irritation des fibres musculaires et nerveuses, trad. par Gruvel avec des additions par F. N. Jadelot, Paris 1799.

32 Humboldt verließ Jena am 30.5.1797, Dresden am 25.7.; in Wien traf er Anfang August 1797 ein und blieb dort, von einer kurzen Exkursion nach Ungarn (Sopron) abgesehen, bis zum 21.10.1797.

33 Rom wurde im Februar 1798 von den Franzosen besetzt, aber schon zuvor ließ die Kriegsführung Napoleons in Italien eine Reise ausgeschlossen erscheinen.

34 Humboldt nahm vom 26.10.1797 bis zum 24.4.1798 in Salzburg Wohnung, von wo aus er verschiedene Exkursionen unternahm.

35 Nicolas Louis Vauquelin (1763–1829), französischer Chemiker.

36 Humboldt et Vauquelin, Notice sur la cause et les effets de la dissolubilité du gaz nitreux dans la solution du sulfate de fer. In: Annales de Chimie. 28 (an VII 1798) [Cah. 2], S. 181–188.

37 Beschreibung eines Kohlensäuremessers. (Auszug von L. A. von Arnim.) In: Annalen der Physik. 3 (1800) St. 1, S. 77–79.

38 Humboldt verließ Salzburg am 24.4.1798 und traf am 12.5.1798 in Paris ein.

39 Zusammenfassende Bezeichnung für die französischen Akademien der Wissenschaften, der Literatur und der Künste. Humboldt hielt in der Akademie der Wissenschaften Vorträge am 25.5., 30.5., 19.7. und 12.10.1798.

40 Über die unterirdischen Gasarten und die Mittel, ihren Nachtheil zu vermindern. Ein Beytrag zur Physik der praktischen Bergbaukunde, Braunschweig 1799.

41 Siehe Anmerkung 36.

42 Directoire: Die französische Regierung 1795/99.

43 Thomas Nicolas Baudin (1754–1803), französischer Marineoffizier und Kommandant von Forschungs-Expeditionen.

ren zu lassen; ich wurde durch den Marineminister eingeladen, meine Arbeiten mit denen der Gelehrten zu verbinden, die an der Expedition teilnehmen sollten. Ich bereitete mich bereits darauf vor, nach Le Havre aufzubrechen, als Geldmangel das Projekt scheitern ließ. Ich entschloß mich dann, mich nach Afrika zu begeben und das Atlasgebirge zu studieren. Zwei Monate wartete ich in Marseille[44] auf die Überfahrt, aber die Veränderungen im politischen System in Algier ließen mich diesen Plan aufgeben, und ich nahm die Route über die [Iberische] Halbinsel, um den Schutz Seiner Katholischen Majestät[45] für eine Amerikareise zu erbitten, deren Gelingen mich auf den Gipfel meiner Wünsche versetzen würde.

Friedrich Alexander von Humboldt
mit seinem Sekretär Aimé Goujou-Bonpland[46]

44 Humboldt war, von Paris kommend, am 27.10.1798 in Marseille eingetroffen, von wo er am 15.12.1798 nach Spanien aufbrach.

45 Karl IV. von Spanien (1748–1819).

46 Aimé Bonpland (1773–1858), französischer Arzt und Botaniker, begleitete Humboldt auf dessen amerikanischer Reise 1799–1804. – Humboldt bezeichnet ihn hier der Einfachheit halber als seinen Sekretär, weil Bonpland auf diese Weise keinen gesonderten Paß benötigte.

ICH ÜBER MICH SELBST (MEIN WEG ZUM NATURWISSENSCHAFTLER UND FORSCHUNGSREISENDEN 1769–1790)

Vorbemerkung:

Am 4. August 1801 schrieb Humboldt die folgenden, der Selbstverständigung dienenden Betrachtungen in Santa Fé de Bogotá nieder. Im Gegensatz zu den übrigen, hier wiedergegebenen autobiographischen Aufzeichnungen ist diese Studie nicht von außen veranlaßt worden. Ohne Zweifel sind diese echten »Bekenntnisse« die interessantesten von allen autobiographischen Aufzeichnungen, die uns erhalten geblieben sind. Weil sie nicht für die Augen der Öffentlichkeit bestimmt waren, hat er hier keine Rücksichten auf Dritte genommen. Er hat seinen Werdegang nicht so geschildert, wie er ihn von der Umwelt gesehen wissen wollte, sondern ganz ungeschminkt so, wie er ihn selbst sah. Daher bestimmte er im November 1839, diese Ausarbeitung solle nie gedruckt werden. Die Gründe, die 130 Jahre nach jener Willensbekundung dafür sprachen, Humboldts Wunsch nun nicht mehr als bindend zu betrachten, haben 1969 der Herausgeber und der Humboldtforscher Fritz G. Lange, Kleinmachnow, der Erstveröffentlichung vorangestellt (Kurt-R. Biermann und Fritz G. Lange, Alexander von Humboldts Weg zum Naturwissenschaftler und Forschungsreisenden. In: Alexander von Humboldt. Wirkendes Vorbild für Fortschritt und Befreiung der Menschheit. Festschrift aus Anlaß seines 200. Geburtstages, Berlin 1969, S. 87–102). Wir folgen hier dieser Publikation in der Wiedergabe des Textes und der (z. T. für die vorliegende Ausgabe ergänzten) Anmerkungen, ohne die teils deutsche, teils lateinische Schrift Humboldts zu unterscheiden; jedoch wird die Rechtschreibung den heutigen Regeln angeglichen.

S. Fé, d. 4. Aug. 1801

[Anmerkung von Humboldt:] Ich habe in der Insel Cuba angefangen, mein Leben zu beschreiben.[1] Ungewiß, ob ich dies Unternehmen je ausführen kann, habe ich hier die nächste Veranlassung meiner Reise schildern wollen – in der Hoffnung, diese Zeilen einst, in spätem Alter, mit Freude zu lesen.

[Späterer Zusatz Humboldts:] nie drucken zu lassen. A. Humboldt Nov. 1839

Der Wunsch, entfernte Weltteile zu besuchen und die Produkte der Tropenwelt in ihrer Heimat zu sehen, ward erst in mir rege, als ich anfing, mich mit Botanik zu beschäftigen. Bis in mein 17tes und 18tes Jahr waren alle meine Wünsche auf meine Heimat beschränkt. So sorgfältig auch unsere literarische Erziehung war, so ward doch alles, was auf Naturkunde und Chemie Bezug hatte, in derselben vernachlässigt. Kleinlich scheinende Umstände haben oft den entscheidendsten Einfluß auf ein tätiges Menschenleben, und so muß man die Spuren wichtiger Ereignisse oft in diesen Umständen suchen. Der Hofrat Heim,[2] von dem das Gymnostomum Heimii den Namen führt und der mit dem jungen Muzel[3] lange in Sir Joseph Banks'[4] Freundschaft gelebt, war unser Hausarzt. Er hatte eine große Sammlung von Moosen und gab sich eines Tages[5] die Mühe, meinem älteren Bruder die Linnéschen Klassen[6] zu erläutern. Dieser, des Griechischen schon damals kundig, lernte die Namen auswendig, ich klebte Lichen parietinus und Hypna[7] auf Papier, und in wenigen Tagen war uns beiden alle Lust zur Botanik wieder verschwunden. Heim verschaffte unserem Nachbar, dem H[errn] von Burgsdorf,[8] botanischen Ruf, dieser legte dendrologische Samm-

1 Diese Aufzeichnungen sind verschollen.

2 Ernst Ludwig Heim (1747–1834), 1775 Arzt in Spandau, seit 1783 in Berlin; Liebhaberbotaniker, bes. Mooskenner.

3 Friedrich Wilhelm Daniel Muzel (1750–1778), Mediziner. Studienfreund Heims in Halle (1769/72) und sein Reisebegleiter in den Niederlanden, England und Frankreich (1773/75).

4 Sir Joseph Banks (1743–1820), britischer Naturforscher. Begleitete James Cook auf dessen erster Weltumseglung 1768/71. 1777–1820 Präsident der Royal Society in London.

5 30. 7. 1781.

6 Karl von Linné (1707–1778), schwedischer Botaniker, dessen Klassifizierung der Mineralien, Pflanzen und Tiere sich lange Zeit behauptete.

7 Flechten und Moose.

8 Friedrich August von Burgsdorf (1747–1802), Forstmann, hatte bei Tegel umfangreiche Baumschulen angelegt. Professor der Forstwissenschaft und Mitglied der Akademie der Wissenschaften.

lungen an. Ich sah dort Gleditsch und viele Glieder der Naturforschenden Gesellschaft[9] – krüppelhafte Figuren, deren Bekanntschaft mir ebenfalls mehr Abscheu als Liebe zur Naturkunde einflößte. Meine jugendliche Neigung war von jeher der Soldatenstand gewesen. Meine Eltern hielten mich durch Zwang davon zurück, und man bildete mir ein, daß ich Lust zu dem habe, was man in Deutschland Kameralwissenschaften[10] nennt, eine Weltregierungskunst, die man erst dann versteht, wenn man alles, alles weiß. Dies alles sollte ich bei einem Amtmann lernen, und ein Pachtanschlag wäre dann das Maximum meiner Kameral-Kenntnis gewesen. Ein halbverrückter Gelehrter, der Prof. Wünsch[11] in Frankfurt an der Oder,[12] las mir ein Privatissimum[13] über Beckmanns Ökonomie.[14] Er fing an mit botanischen Vorkenntnissen. Seine eigene Unwissenheit und sein Vortrag waren abermals weit entfernt, mir Lust zur Botanik einzuflößen, doch sah ich ein, daß ich ohne Pflanzenkenntnis ein so vortreffliches Buch als Beckmanns Ökonomie nicht verstehen könne. Wir besaßen durch Zufall Willdenows[15] Flora Berolinensis.[16] Es war harter Winter. Ich fing an, Pflanzen zu bestimmen, aber die Jahreszeit und Mangel an Hilfsmitteln machte alle Fortschritte unmöglich. Wir verließen Frankfurt an der Oder, und ich brachte abermals ein Jahr in Berlin zu, wo mich Zöllner[17] in

9 Johann Gottlieb Gleditsch (1714–1786), hervorragender Botaniker und Direktor des Botanischen Gartens in Berlin, Mitglied der Akademie der Wissenschaften. – Die Gesellschaft naturforschender Freunde zu Berlin war 1773 gegründet worden. Humboldt wurde am 27. 8. 1793 ihr Mitglied.

10 Noch 1790, als Humboldt in Hamburg an der Handelsakademie von Johann Georg Büsch (siehe S. 53, Anmerkung 43) studierte, war sein Studienziel »Kameralistik«, die Finanz-, Wirtschafts- und Verwaltungskunde des Feudalabsolutismus.

11 Christian Ernst Wünsch (1744–1828), Professor der angewandten Mathematik in Frankfurt/Oder.

12 Die beiden Brüder Humboldt studierten ihr erstes Semester (1. 10. 1787 bis Ostern 1788) an der Frankfurter Universität »Viadrina«, die, 1506 gegründet, 1811 nach Breslau (heute Wrocław) verlegt wurde.

13 Privatvorlesung (im Gegensatz zur öffentlichen Vorlesung).

14 Johann Beckmann (1739–1811), Professor der Ökonomie in Göttingen. Begründer der technologischen Wissenschaften in Deutschland, Verfasser zahlreicher Werke, darunter der zwölfbändigen »Beiträge zur Oekonomie, Technologie, Polizei- und Kameralwissenschaft« (1777/91).

15 Carl Ludwig Willdenow (1765–1812), hervorragender Berliner Botaniker, Neffe von Gleditsch, Direktor des Botanischen Gartens, Mitglied der Akademie der Wissenschaften.

16 Florae Berolinensis Prodromus. Berlin 1787.

17 Johann Friedrich Zöllner (1753–1804), Berliner Theologe und Schulmann, Mitglied der Akademie der Wissenschaften. Vor der Emanzipierung der Naturwissen-

der Technologie unterrichtete. Ich fühlte aufs neue die Notwendigkeit botanischer Kenntnisse, quälte mich mit neuem Eifer, Pflanzen nach Willdenows Flora zu bestimmen. Ich legte nun ein förmliches Herbarium an, und da man mir nun zuerst gestattete, allein auszugehen, faßte ich den Entschluß, unempfohlen Willdenow selbst aufzusuchen. Von welchen Folgen war dieser Besuch für mein übriges Leben! Schriebe ich ohne diesen diese Zeilen im Königreich Neu Grenada?[18] Ich fand in Willdenow einen jungen Menschen, der damals unendlich mit meinem Wesen harmonierte. Seine Natur[19] [...] Er bestimmte mir Pflanzen, ich bestürmte ihn mit Besuchen.[20] Ich lernte neue ausländische Pflanzen kennen. Er schenkte mir einen Halm Oryza sativa [eine Reispflanze], den Thunberg aus Japan mitgebracht.[21] Ich sah zum ersten Mal in meinem Leben die Palmen des botan[ischen] Gartens, ein unendlicher Hang nach dem Anschauen fremder Produkte erwachte in mir. In 3 Wochen war ich ein enthusiastischer Botanist. Willdenow trug sich damals mit der Idee, eine Reise außerhalb Europas zu machen. Ihn zu begleiten, war der Wunsch, der mich tages und nachts beschäftigte. Ich durchlief alle Floren beider Indien,[22] kaufte alle Rinden der Apotheken zusammen, verweilte mit unendlichem Wohlgefallen bei einem Reishalm in meinem Herbarium und gewöhnte mich, unbändige Wünsche nach weiten und unbekannten Dingen zu hegen. In Göttingen[23] lebte ich allein für Naturgeschichte und Sprachen,

schaften stellte im 18. Jahrhundert das Theologiestudium die Ausgangsbasis auch für Berufe dar, die mit dem Amt eines Geistlichen nichts zu tun hatten. Ähnlich haben im 19. Jahrhundert, vor allem in seiner ersten Hälfte, vor der weitergehenden Spezialisierung der Naturforschung zahlreiche Naturwissenschaftler zunächst den Beruf eines Apothekers erlernt.

18 Humboldt schreibt stets Neu Grenada (statt des üblichen Neugranada).

19 Es dürfte sich bei diesen beiden Worten um eine nachträgliche Ergänzung handeln. Es folgt ein ausgestrichener Satz; lesbar sind die Worte: »Ich gewann ihn sehr lieb.«

20 Wie erwähnt, beendeten die Brüder Humboldt Ostern 1788 ihr Studium in Frankfurt; die Bekanntschaft Alexander von Humboldts mit Willdenow muß also nach dem 23.3.1788 erfolgt sein. – Über die Beziehungen Humboldts zu Willdenow vgl. Wolfgang-Hagen Hein, Alexander von Humboldt und Carl Ludwig Willdenow. In: Pharmazeutische Zeitung. 104 (1959), S. 467–472; über Willdenows wissenschaftliche Bedeutung vgl. Ilse Jahn, Carl Ludwig Willdenow und die Biologie seiner Zeit. In: Wissenschaftl. Zeitschrift der Humboldt-Universität zu Berlin, Math.-nat. R. 15 (1966), S. 803–812.

21 Carl Petter Thunberg (1743–1828), schwedischer Botaniker, in Japan 1775/76.

22 Das heißt: Ostindien (heute Indien und Pakistan) und Westindien (heute Bahamainseln, Antillen, Trinidad mit Tobago), früher im weiteren Sinne gebraucht.

zu welchen letzteren mich meine Freundschaft mit Woltmann[24] und Eitelkeit mehr als wahrer Hang hinzog. Ich fand dort Link[25] und Persoon,[26] mit denen ich eine literarische Gesellschaft stiftete. Persoon war vom Kap [der Guten Hoffnung]. Ich begriff schon nicht, wie man Europa dem Kap vorziehen könnte. Ich herbarisierte 1789 am Harz,[27] bereiste mit Steven van Geuns[28] den größten Teil des westlichen Deutschland.[29] Mein Hang zum Reisen und Beschauen nahm zu, und meine schwärmerische Achtung für Stieglitzens[30] Genie und seine Verachtung meiner naturhistor[ischen] Beschäftigungen waren allein im Stande, mich mit mir selbst in Widerspruch zu setzen. Ich träumte mich bisweilen nach beiden Indien, aber die Möglichkeit einer solchen Reise wurde mir noch nicht klar.

Mein Bruder Wilhelm hatte durch sein Genie die Aufmerksamkeit Jacobis[31] und Georg Forsters[32] erregt. Beide nahmen mich deshalb freundlichst in Düsseldorf[33] und Mainz[34] auf, und

23 Nach dem in Berlin verbrachten Jahr setzte Humboldt am 25. 4.1789 sein Studium an der Universität Göttingen fort, wo sein Bruder zwei Semester zuvor immatrikuliert war. Seine Studien in Göttingen beendete Humboldt im März 1790.

24 Karl Ludwig von Woltmann (1770–1817), Historiker und Diplomat.

25 Heinrich Friedrich Link (1767–1851), Naturforscher, besonders Botaniker. Humboldt hörte bei dem nahezu Gleichaltrigen in Göttingen ein Privatissimum über Mineralogie. Link war später Professor der Botanik in Berlin und Nachfolger Willdenows als Direktor des Botanischen Gartens. Mitglied der Akademie der Wissenschaften.

26 Christian Hendrik Persoon (1755–1837), Mediziner und Botaniker. Stammte aus Südafrika.

27 Während der Göttinger Studienzeit unternahm Humboldt einige kleinere Reisen nach Hessen, durch Niedersachsen, in den Harz und zum Eichsfeld.

28 Steven Jan van Geuns (1767–1795), holländischer Arzt und Botaniker.

29 Diese »naturhistorische« Studienreise (vom 24. 9. bis Anfang November 1789) führte über Kassel, Marburg, Gießen und Frankfurt am Main nach Darmstadt, dann der Bergstraße folgend bis Heidelberg, weiter über Speyer, Bruchsal, Philippsburg, Mannheim, Alzey nach Mörsfeld. Nach einem Besuch der Quecksilberwerke in Pfalz-Zweibrücken ging die Reise nach Mainz, von dort auf dem Rhein bis Bonn, zu Land nach Köln und Pempelfort, von dort über Duisburg, Münster, Warendorf, Rietberg, Paderborn und Kassel zurück nach Göttingen.

30 Israel Stieglitz (seit 1800: Johann; 1767–1840), Mediziner. Später Hannoverscher Leibarzt.

31 Friedrich Heinrich Jacobi (1743–1819), Philosoph. Lehrte eine Gefühls- und Glaubensphilosophie.

32 Georg Forster; siehe S. 25, Anmerkung 6.

33 Während der Reise mit van Geuns verbrachte Humboldt acht Tage bei Jacobi in Pempelfort bei Düsseldorf.

34 Auf derselben Reise hatte Humboldt acht Tage bei Forster in Mainz zugebracht, zeitlich vor dem Aufenthalt in Pempelfort.

da Forstern die Hoffnung, in England Geld zu gewinnen, nach London trieb (er wollte seine Species plantarum[35] herausgeben), so bot er mir an, ihn zu begleiten. Ich war damals krank, März 1790, in Göttingen und mit der Herausgabe meines ersten literarischen Produkts, den Basalten am Rhein,[36] beschäftigt. Dennoch, mit welcher Freude nahm ich teil an dieser Reise. Ohnerachtet sie mich wie jedes nahe Zusammenleben unter Menschen und besonders bei Forsters kleinlich-eitelem Charakter mehr von ihm entfernte, als ihm nahe brachte, so hatte das Zusammenleben mit dem Weltumsegler[37] doch großen Einfluß auf meinen Hang nach der Tropenwelt. Wie sehr erwachte diese Sehnsucht vollends bei dem Anblick des allverbreiteten, beweglichen, länderverbindenden Ozeans, den ich bei Ostende[38] zuerst sah, wie sehr bei der kleinen Überfahrt von Hellevoetsluis[39] nach Dover. Der Zufall wollte, daß ich (ohnerachtet wir in einem elenden Fischerboot und bei stürmischem Wetter schifften) nicht seekrank war. Ich wurde es in der Folge nie, und dieser Umstand machte mir das Element selbst und lange Seereisen minder furchtbar. Ich lebte in London sehr einsam, im Hause eines deutschen Perückenmachers, Mr. Muller, Plumtree-street. Forster hatte sich bei seinem Schwager, dem Hofprediger Schrader,[40] einquartiert, der ihn mit Bibelübersetzungen und Hofklatsch (er war Lecteur der Königl[ichen] Prinzessinnen) quälte. In einem Lande, wo die Einwohner 4–5mal in ihrem Leben

35 Forsters Hoffnungen erfüllten sich nicht. Er führte das auf die Gegnerschaft von Banks zurück.

36 Es handelt sich um die erste Veröffentlichung Humboldts in Buchform, nicht um seine erste Publikation überhaupt: Mineralogische Beobachtungen über einige Basalte am Rhein. Mit vorangeschickten, zerstreuten Bemerkungen über den Basalt der ältern und neuern Schriftsteller, Braunschweig 1790.

37 Georg Forster hatte gemeinsam mit seinem Vater Reinhold Forster (s. Anmerkung 47) an Cooks zweiter Weltumseglung 1772/75 teilgenommen.

38 Die Reise mit Forster begann am 25.3.1790 in Mainz. Sie führte zu Schiff den Rhein hinunter bis Düsseldorf. Nach einem kurzen Besuch bei Jacobi in Pempelfort ging es über Aachen, Lüttich (Liège), Löwen (Leuven, Louvain), Brüssel, Lille nach Ostende (15.4.1790). Von dort reisten Humboldt und Forster über Gent, Antwerpen, Rotterdam, den Haag nach Amsterdam. Weitere Stationen waren Leiden und Maassluis.

39 Am 5.5.1790 schifften sich die beiden Reisenden zu Hellevoetsluis ein und setzten nach England über. Am 29.6. verließen sie England wieder und fuhren über Paris und Metz nach Mainz zurück, wo sie am 11.7. wieder eintrafen.

40 Heinrich Otto Schrader (gest. 1802), Hofprediger an der deutschen Kapelle zu St. James; verheiratet mit G. Forsters ältester Schwester Virginia Victoria (1757–1818?).

beide Indien besuchen, und wo man mit den Produkten der entferntesten Weltteile wie mit den seinigen bekannt ist, konnte ein Begleiter des Cap[tain] Cook[41] eben nicht großes Aufsehen machen. Für das, was man in Forster Geist und verschmelzendes Genie nennen kann, haben die Engländer eben nicht Sinn. Sie suchen entschiedenes Dichtertalent, tiefsinnige Philosophie oder gründliche Gelehrsamkeit. Ein Gemisch von alle dem, ein Mensch, der von dem allen nur etwas besaß und mehr Form als Materie war, konnte daher wenige interessieren. Dazu konnte Forster in London nicht Deutsch sprechen, und die Muster, nach denen er sich gebildet, waren Deutsche, Kant, Schiller[42] ... Seine höchsten Flüge waren unübersetzbar und unverständlich. Mit den Geldspekulationen ging es nicht besser. Die Empfehlungen des Prinzen Adolph an den Pr[inzen] von Wales,[43] die des General Schlieffen[44] und des ehrwürdigen alten Fagel[45] (im Haag, an den ich mit Freuden zurückdenke), an Pitt[46] konnten bei den Schändlichkeiten, die Forsters Vater[47] im Tableau d'Angleterre[48] über den Hof verbreitet und bei dem geringen Aufsehen, das er als Gelehrter machte, wenig wirken. Banks war von jeher aus Reaktion und verfolgendem Neide gegen alles, was seiner Oberherrschaft sich entziehen will, der Feind der Forsterschen Familie gewesen. Die Genera plantarum,[49] welche

41 James Cook (1728–1779), britischer Seeoffizier und Entdeckungsreisender. Wurde auf seiner dritten Weltumseglung auf Hawaii erschlagen.

42 Der Philosoph Immanuel Kant (1724–1804) und der Dichter Friedrich von Schiller (1759–1805).

43 Von Adolphus Frederick, Herzog von Cambridge (1774–1850), der in Göttingen studierte, an den späteren Georg IV. (1762–1830), 1820 König von Großbritannien und Hannover.

44 Martin Ernst von Schlieffen (1732–1825), Generalleutnant, unter Friedrich Wilhelm II. Gouverneur von Wesel, Mitglied der Berliner Akademie. Forster hatte ihn am 4. 4. 1790 in Lüttich besucht.

45 Hendrik Fagel (1706–1790), niederländischer Staatsmann. Forster war am 26. 4. 1790 bei ihm in den Haag.

46 William Pitt (»Pitt der Jüngere«; 1759–1806), britischer konservativer Politiker. 1783–1801 und 1804/06 Premierminister.

47 Reinhold Forster (1729–1789), Theologe, Reisender und Naturforscher, seit 1780 Professor der Naturgeschichte und Mineralogie in Halle, hatte mit seinem Sohn Georg Forster an Cooks zweiter Weltumsegelung 1772/75 teilgenommen.

48 Tableau d'Angleterre pour l'année 1780 continué par l'Editeur jusqu'à, l'année 1783, [Dessau] 1783. Anonyme Schrift mit scharfen Angriffen auf englische Persönlichkeiten.

49 Reinhold Forster, Characteres generum plantarum, quas in itinere ad insulas maris australis collegit, descripsit, delineavit annis 1772–1775 adjuvante filio Georgio Forster, Londini 1776.

man Sparrmann[50] zuschreibt, die Plantae esculentae[51] und Florula insularum australium,[52] welche in Eil über elenden Herbarien geschmiedet waren, hatte Banks' Achtung ebenfalls nicht vermehrt. Was in dem jungen Forster eigentlich groß und selten war, die philosophische Behandlung naturhistorischer Gegenstände, ein Werk wie der Aufsatz über Leckereien ...[53] dafür hatte Banks keinen Sinn. Je übelgelaunter Forster in England war, desto mehr ward ich in meine Einsamkeit zurückgeschreckt. Unser Aufenthalt in Holland,[54] Spaziergänge, die ich längst der grünen buschigten Dünen am Haager Meeresstrande gemacht, der Anblick der Amsterdamer Schiffswerften, die enge Freundschaft mit dem jungen Hohlenberg[55] (der nachmals in der Dänischen Marine Epoche gemacht) füllten meine warme Phantasie mit ersehnten Gestalten ferner Dinge. In einem jungen Gemüte, das 18 Jahre lang im väterlichen Hause gemißhandelt und in einer dürftigen Sandnatur eingezwängt worden ist, glimmt und glüht es wunderbar auf, wenn es seiner eigenen Freiheit überlassen auf einmal eine Welt von Dingen in sich aufnimmt. Mein Zimmer in Plumtree-street war mit den Kupfern eines ostindischen Schiffes ausgeziert, das in einem Sturme unterging. Heiße Tränen strömten mir oft über die Wangen, wenn ich beim Erwachen die Augen auf diese Gegenstände heftete. Ich strebte nach Dingen, die ich damals nie zu erlangen hoffte. Ich bildete mir ein, daß nur die Aufforderung eines Gouvernements, eine Reise gleich der Cookschen mich in jene Weltteile führen könne, und meine Berliner Verhältnisse, der Zwang, an den ich gewöhnt war, stellten mir als unmöglich vor, was ich nun seit Jahren ausgeführt. Als wir der engl[ischen] Küste nahe zuerst die Türme von Oldborough[56] sahen, malte mir meine Einbildungskraft im Traume den Tafelberg und Drakenstein[57] vor.

50 Andreas (Anders) Sparrman(n) (1747–1787), schwedischer Zoologe und Botaniker. Teilnehmer an Cooks zweiter Weltumseglung 1772/75.

51 Georgii Forster de plantis esculentis insularum Oceani australis commentatio botanica, Berolini 1786.

52 Georgius Forster, Florulae insularum australium prodromus, Gottingae 1786.

53 Georg Forster, Über Leckereien. In: Göttingischer Taschenkalender 1789, S. 81–123.

54 19.4. bis 5.5.1790.

55 Frantz Christoper Henrik Hohlenberg (1765–1804), dänischer Schiffskonstrukteur. Unternahm 1788/94 eine Studienreise nach den Niederlanden, England, Frankreich, Italien und Schweden.

56 5.5.1790.

Ich glaubte mich in der Kapstadt vor Anker, und mit aufgehender Sonne war der süße Traum hinweggewischt. Ein Wunsch wie dieser, der mich ewig begleitete, das Streben nach Ländern, in denen wir durch grenzenlose Räume von den Unsrigen getrennt sind, schmeichelt der jugendlichen Eitelkeit wegen der Energie, in der wir uns selbst vorstellen, aber es gibt unserm Wesen zugleich eine melancholische Stimmung, in der wir die »Wonnen der Tränen« fühlen. Die Hügel von Highgate und Hempsteat waren mein Lieblingsspaziergang in London, an dem Wege las ich Anschlagzettel nach engl[ischer] Sitte: »Junge Leute, welche ihr Glück außerhalb Europas suchen wollen, melden sich dort und dort, als Matrose, Schreiber ... finden sie Aufnahme. Das Schiff ist segelfertig nach Bengalen.« Mit welchen Empfindungen las ich diese Einladungen. Der Eintritt in ein solches Haus schied mich auf immer (nach engl[ischer] Preßsitte) von meiner vaterländischen Welt, einer Rückkehr nach Berlin, die wie nahes Ungewitter wolkendick über mir schwebte. Wie oft schwankte ich in meinen Entschlüssen, war einem tollen Streiche nahe. Ich zeichne die jugendlichen Torheiten sorgfältig auf, weil sie klar machen, was damals in mir vorging. Beschäftigung mit der Naturkunde und wissenschaftliche Zwecke hatten den Wunsch nach der Tropenwelt in mir erregt. Die auszeichnende Nachsicht, mit der Sir Joseph Banks mich behandelte, der Anblick seiner Sammlungen, die indianische Sach- und Menschenwelt seines Hauses, Hodges,[58] Alexander Dalrymple,[59] Webber,[60] dieser Umgang bestärkte meinen naturhistor[ischen] Eifer. Dennoch nahm in der Epoche der Hang nach Seereisen eine andere Gestalt, die Quelle ward verschieden. Ich wäre in die fernste Südsee geschifft, und hätte ich nie einen wissenschaftlichen Zweck erfüllt. Ich fühlte mich eingeengt, engbrüstig. Ein unbestimmtes Streben nach dem Fernen und Ungewissen, alles, was meine Phantasie stark rührte, die Gefahr des Meeres, der Wunsch, Abenteuer zu bestehen und aus einer alltäglichen gemeinen Natur mich in eine Wunderwelt zu verset-

57 Tafelberg: Table Mountain, südlich von Kapstadt (Cape Town). – Drakenstein (heute: Drakensberge): Gebirgszug östlich von Kapstadt.

58 William Hodges (1744–1797), englischer Maler, besuchte Ostindien und die Südsee.

59 Alexander Dalrymple (1737–1808), englischer Reisender und Kartograph, Hydrograph der Ostindien-Kompanie.

60 John Webber (um 1750–1793), englischer Landschaftsmaler, Webber nahm als Zeichner an Cooks dritter Reise teil und war Augenzeuge von dessen Tod.

zen, reizten mich damals an. Dazu schien mir dies das einzige Mittel, sich dem Naturzustande zu nähern. Fußreisen mit einem einseitigen aber gemevollen Menschen, Friedrich Hesse,[61] um Allmerode und Allendorf[62] (1798), der romantische Zauber jener Felsentäler hatten mich in eine poetische Stimmung versetzt, die den Fortschritten meiner Urteilskraft hätte gefährlich werden können. Alles was auf bürgerliche Verhältnisse Bezug hatte, wurde mir verächtlich, jede Gemächlichkeit des häuslichen Lebens und der feineren Welt ekelte mich an. Ich lebte in einer Ideenwelt, die mich von der wirklichen abzog. Der Umgang roher Menschen, das Ordenswesen der Unitisten[63] interessierte mich auf eine sträfliche Weise. Wilhelms Abwesenheit (er war in Paris[64] mit Campe[65]) vermehrte die Krisis. Ich schrieb verrückte Briefe an meine Freunde und wurde mir selbst von Tage zu Tage unverständlicher.

Meine Reise mit Forster in das Gebirge von Derbyshire vermehrte jene melancholische Stimmung. Das Dunkel der Casteltoner Höhen verbreitete sich über meine Phantasie. Ich weinte oft,[66] ohne zu wissen warum, und der arme Forster quälte sich zu ergründen, was so dunkel in meiner Seele lag. Mit dieser Stimmung kehrte ich über Paris nach Mainz zurück. Ich hatte entfernte Pläne geschmiedet.

61 Vielleicht der Göttinger Student der Rechte Friedrich Hesse (1768–1812), der sich später der Medizin zuwandte, in Jassy (heute Iasi) und zuletzt in Riga praktizierte. Er war seit 2.4.1786 in Göttingen immatrikuliert. Ein Student der Medizin Friedrich Hesse, über den sonst nichts ermittelt werden konnte, studierte in Göttingen seit dem 28.12.1785.

62 Groß-Almerode und Allendorf, westlich von Bad Sooden in Hessen.

63 Eine der im 18. Jahrhundert neben den Landsmannschaften entstandenen studentischen Vereinigungen, die sich auf die Freundschaft gründeten, im Geiste Rousseaus für die Freiheit schwärmten und von den damals blühenden Freimaurerlogen u. a. geheimen Gesellschaften mancherlei Symbolik übernahmen.

64 Wilhelm von Humboldt (1767–1835), Sprachwissenschaftler und Philosoph, preußischer Staatsmann, Gründer der Berliner Universität, die heute den Namen beider Brüder trägt. – W. von Humboldt weilte Juli/August 1789 in Paris, um die Errungenschaften der von ihm ebenso wie von seinem Bruder Alexander, der auf der Rückreise von England Anfang Juli 1790 Paris besuchte, begeistert begrüßten Französischen Revolution an Ort und Stelle kennenzulernen.

65 Joachim Heinrich Campe (1746–1818), Pädagoge, Schriftsteller und Verleger. 1769/73 und 1775/76 Hauslehrer der Brüder Humboldt im Humboldt-Schloß Tegel.

66 Der »Wonne der Tränen« gab man sich in jener »Sturm-und-Drang-Periode«, die durch leidenschaftlichen Gefühlsüberschwang charakterisiert war, gern hin. Humboldt fand aber immer wieder rasch zu realistisch-nüchterner Betrachtung zurück.

Alexander von Humboldt, 1796.
Stich von Alfred Krausse (1829–1894) nach dem
Porträt von Johann Heinrich Schröder (1757–1812)

Gebäude der Universität Frankfurt/Oder,
wo Humboldt vom 1. 10. 1787 bis zum 20. 3. 1788
sein erstes Semester studierte.
Aquarell von Hugo Mühle, 1858

Gebäude der Bergakademie in Freiberg (Sachsen),
wo Humboldt vom 14. 6. 1791 bis Ende Februar 1792
Theorie und Praxis des Bergbaus studierte.
Lithographie

Q. D. B. V.

SVMMIS AVSPICIIS

AVGVSTISSIMI POTENTISSIMIQVE PRINCIPIS AC DOMINI

DOMINI

FRIDERICI GVILIELMI III.

BORVSSIAE REGIS MARCHIONIS BRANDENBVRGICI
S. ROM. IMPERII ARCHICAMERARII ET PRINCIPIS ELECTORIS
SVPREMI SILESIAE SVPERIORIS AC INFERIORIS DVCIS PRINCIPIS SVPREMI ARAVSIONENSIS NOVI CASTRI VALANGIAE ET COMITATVS GLACENSIS GELDRIAE MAGDEBVRGI CLIVIAE IVLIAE MONTIVM STETINI POMERANIAE CASSVBIORVM VANDALORVM MEGALOPOLIS ET CROSNAE DVCIS BVRGGRAVII NORIMBERGENSIS PRINCIPIS HALBERSTADII MINDAE CAMINI VANDALIAE SVERINI RACEBVRGI FRISIAE ORIENTALIS ET MVRSIAE COMITIS HOHENZOLLERAE RVPPINI MARCHIAE RAVENSBERGI HOHENSTEINII TECLENBVRGI SVERINI LINGAE BVRAE ET LEERDAMI DOMINI RAVENSTEINI ROSTOCHII STARGARDIAE LAVENBVRGI BVTOVIAE ARLAYAE ET BREDAE RELIQVA

REGIS ET DOMINI NOSTRI CLEMENTISSIMI

AVCTORITATE IMPERATORIA ET REGIA

RECTORE ACADEMIAE VIADRINAE MAGNIFICO

IOANNE GOTTLOB SCHNEIDER

ELOQVENTIAE ET PHILOLOGIAE PROFESSORE PVBLICO ORDINARIO

PROMOTOR AD HVNC ACTVM CLEMENTISSIME CONSTITVTVS

CHRISTIANVS ERNESTVS WÜNSCH

ARTIVM LIBERALIVM IPSE MAGISTER ET PHILOSOPHIAE DOCTOR MATHESEOS ET PHYSICES PROFESSOR PVBLICVS ORDINARIVS SOCIETATIS NATVRAE SCRVTATORVM BEROLINENSIS SODALIS ET ORDINIS PHILOSOPHORVM H. T. DECANVS

VIRO

GENEROSISSIMO ERVDITIONE MERITIS AC INVENTIS ILLVSTRI ET PER TOTVM ORBEM TERRARVM CELEBERRIMO

HENRICO FRIDERICO ALEXANDRO DE HVMBOLDT

REGI BORVSSIAE A CONSILIIS RERVM METALLICARVM PLVRIVMQVE ACADEMIARVM SOCIO

DOCTORIS PHILOSOPHIAE ET ARTIVM LIBERALIVM
MAGISTRI DIGNITATEM

CVM OMNIBVS PRIVILEGIIS ET IMMVNITATIBVS HVIC DIGNITATI ADHAERENTIBVS

SVADENTE VNANIMI FACVLTATE

D. IV. AVGVSTI cIↄ Iↄ cccv

PVBLICA HAC TABVLA CONTVLIT

SIMVL EI FACVLTATI VNIVERSITATI VIADRINAE PRIMAE STVDIORVM ACADEMICORVM EIVS NVTRICVLAE ET LITERIS FELICEM EX LONGINQVA PERICVLOSAQVE PEREGRINATIONE REDITVM ET VBERRIMOS ITINERVM ATQVE INGENII FRVCTVS REPORTATOS IAM ET PLVRES MOX PVBLICANDOS GRATVLATVS.

FRANCOFVRTI AD VIADRVM

TYPIS CHRISTIANI LVDOVICI FRIDERICI APITZII ACAD. REG. TYPOGR.

Doktor-Diplom Humboldts, ausgestellt am 4. 8. 1805 von der Universität Frankfurt/Oder. Siebenmal erhielt Humboldt die Ehrendoktorwürde; die erste Universität, die ihn und sich auf diese Weise ehrte, war die zu Frankfurt/Oder

Bergveste Königstein (bei Dresden), um 1790.
Hier führte Humboldt am 14. 6. 1797 Höhenmessungen durch,
Vorübungen für spätere hypsometrische Beobachtungen.
Stich von Christian August Günther (1759–1824)

Alte Anatomie in Jena.
Hier präparierte Humboldt im März 1797 fast täglich,
um sich auf seine Forschungsreise vorzubereiten.
Teichgraben mit Anatomieturm.
Lithographie von Johann Friedrich Karl Hirsch (1828–1910)

Alexander von Humboldt, 1814.
Stich von Alfred Krausse (1829–1894)
nach einem Selbstporträt Humboldts

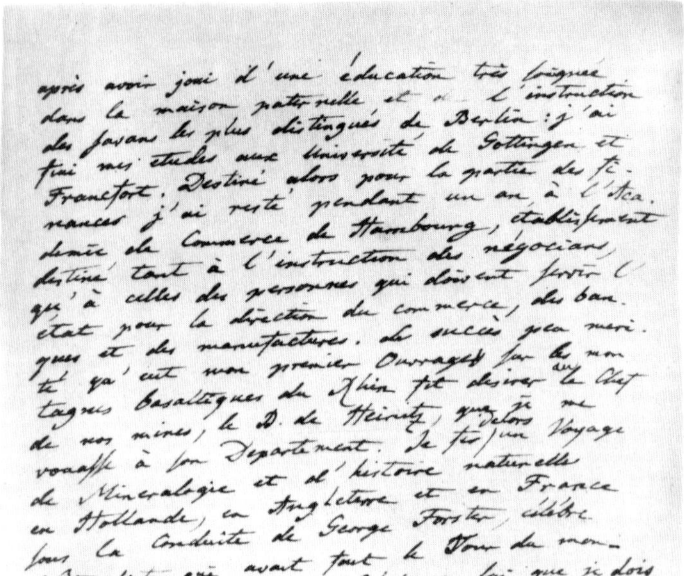

après avoir joui d'une éducation très soignée
dans la maison paternelle et de l'instruction
des savans les plus distingués de Berlin: j'ai
fini mes études aux Université de Gottingen et
Francfort. Destiné alors pour la partie des fi-
nances j'ai resté pendant un an à l'Aca-
demie de Commerce de Hambourg, établissement
destiné tant à l'instruction des négocians,
qu'à celles des personnes qui doivent servir l'
état pour la direction du commerce, des ban-
ques et des manufactures. Le succès peu méri-
té qu'eut mon premier Ouvrage sur les mon
tagnes basaltiques du Rhin fit desirer au Chef
de nos mines, le B. de Heinitz, que je me
voüasse à son Departement. Je fis un Voyage
de Mineralogie et d'histoire naturelle
en Hollande, en Angleterre et en France
sous la Conduite de George Forster, célèbre
Naturaliste, qui avait fait le Tour du mon-
de avec le Cap. Cook. C'est à lui que je dois
pour la plupart le peu de connaissances que
je possede. De retour de l'Angleterre j'appris
la pratique des mines à Freiberg et au Harz.
Ayant fait quelques experiences utiles pour l'epargne
du Combustible à la Cuite du Sel et ayant
publié un petit Ouvrage relatif à cet objet (traduit
en Francais par Coquebert) le Roi m'envoya
en Pologne et dans le Midi de l'Alle-
magne pour étudier les mines de Sel gemme
de Vielieyca, Hallein, Berchtesgaden... Les plans
que je dressai servirent pour les nouveaux éta-
blissemens des Salines de Magdebourg. Quoique

Faksimile der ersten Seite
von Humboldts Autobiographie von 1799
(In: Wissenschaftliche Beiträge zum Gedächtniss
der hundertjährigen Wiederkehr des Antritts von
Alexander von Humboldt's Reise nach Amerika am 5. Juni 1799,
hrsg. von der Gesellschaft für Erdkunde zu Berlin,
Berlin 1899)

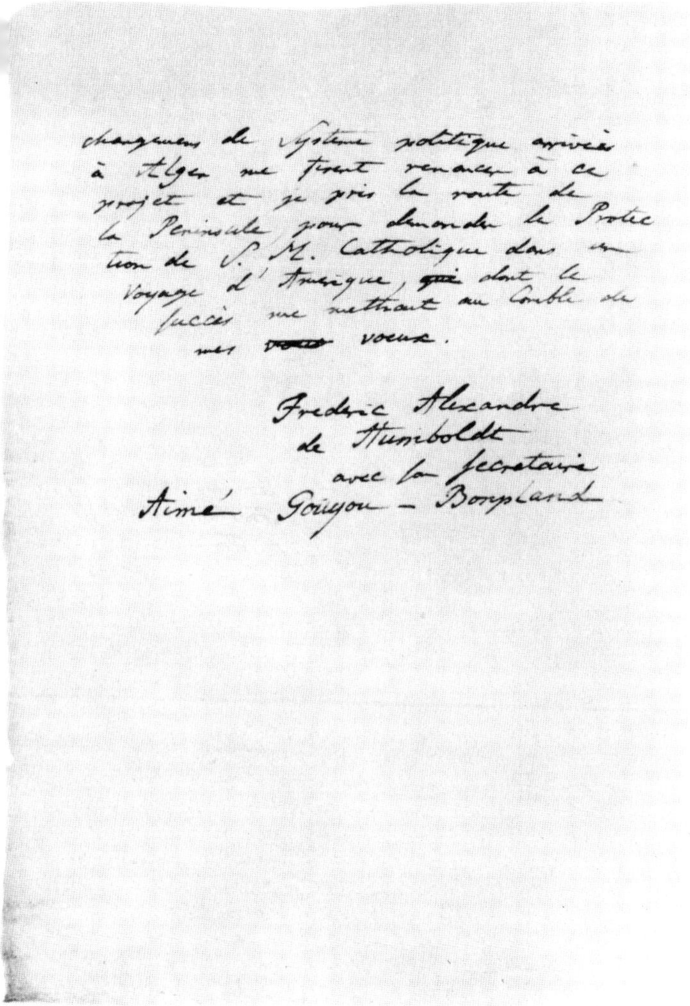

changemens de système politique arrivés
à Alger me firent renoncer à ce
projet et je pris la route de
la Peninsule pour demander la Protec
tion de S. M. Catholique dans mon
voyage d'Amérique, ~~qui~~ dont le
succès me mettrait au Comble de
mes voeux.

Frederic Alexandre
de Humboldt
avec la secretaire
Aimé Goujon – Bonpland

Faksimile der sechsten (letzten) Seite
von Humboldts Autobiographie von 1799 (Ebenda)

Alexander von Humboldt, 1823.
Büste von Christian Daniel Rauch (1777–1857)

MEINE BEKENNTNISSE (AUTOBIOGRAPHISCHE SKIZZE 1769–1805)

Vorbemerkung:

Auf einer von Juli bis November 1795 während seiner Tätigkeit im Bergdienst in den damals zu Preußen gehörenden fränkischen Fürstentümern unternommenen Reise mit wissenschaftlicher Zielsetzung nach Oberitalien und durch die Schweizer und französischen Alpen hatte Humboldt im Oktober in Genf den schweizerischen Naturforscher Marc-Auguste Pictet (1752–1825) kennengelernt. Als er nach seiner amerikanischen Forschungsreise in Berlin weilte, sandte er von dort aus am 3. 1. 1806 dem Genfer Freund als einem der Herausgeber der »Bibliothèque Britannique« autobiographische Notizen, die Pictet als Unterlagen für eine Werbekampagne dienen sollten, um die Verbreitung des Humboldtschen amerikanischen Reisewerks im englischen Sprachgebiet zu befördern. Der in französischer Sprache verfaßten Skizze hat Humboldt, wohl in Anspielung auf die wegen ihrer schonungslosen Offenheit berühmten Bekenntnisse von Jean Jacques Rousseau (1712–1778), die Überschrift »Mes confessions« gegeben. Sie ist französisch mehrfach publiziert worden (Lettres d'Alexandre de Humboldt à Marc-Auguste Pictet 1795–1824, publiées dans le Journal Le Globe. [7 (1868) S. 180–190] par Albert Rilliet, Genève 1869, S. 56–66), jedoch bisher nicht in deutscher Übersetzung, die hier erstmals geboten wird; ihr ist der Abdruck in Französisch durch den Jenaer Germanisten und Humboldtforscher Albert Leitzmann (1867–1950) in seinem Werk »Georg und Therese Forster und die Brüder Humboldt. Urkunden und Umrisse«, Bonn 1936, S. 197–212, zugrunde gelegt.

Zu lesen und mir eines Tages zurückzusenden

Ich bin geboren am 14. September 1769 in Berlin. Mein Vater,[1] zuerst Militär, dann Hofmann[2] und eng mit dem König Friedrich Wilhelm,[3] damals Kronprinz, verbunden, genoß ein für ein Land, in dem die Güter sehr gleichmäßig verteilt sind, beträchtliches Vermögen. Meine Mutter[4] war französischer Herkunft[5] (das heißt, sie stammte von calvinistischen Flüchtlingen ab, die sich in Berlin nach dem Widerruf des Edikts von Nantes[6] niedergelassen hatten). Meine wissenschaftliche Erziehung war sehr sorgfältig. Mein Vater und vor allem meine Mutter (denn der erstere starb, als ich neun Jahre alt war)[7] brachten jedes Opfer, um uns von den berühmtesten Männern in alten Sprachen, Mathematik, Geschichte, Zeichnen, Rechtswissenschaft, Naturkunde zu Hause, ohne Schulbesuch, im Sommer auf dem Lande, im Winter in der Stadt, immer in großer Zurückgezogenheit, unterrichten zu lassen. Ich entwickelte mich unendlich viel später als mein Bruder Wilhelm,[8] gegenwärtig Minister des Königs zu Rom,[9] der von der ersten Kindheit an durch seine tiefe Kenntnis des Griechischen und der gesamten alten Literatur wie durch seinen Geschmack für Poesie – Fächer, in denen er seither geglänzt hat – in Erstaunen versetzte. Bis zum Alter von 16 Jahren hatte ich wenig Lust, mich mit den Wissenschaften zu befassen und wollte Soldat werden. Meine Eltern mißbilligten diese Neigung; ich mußte mich dem Finanzwesen widmen und habe nie in meinem Leben Gelegenheit gehabt, einen Kurs in Botanik oder in Chemie zu absolvieren; nahezu alle Wissenschaften, mit

1 Alexander Georg von Humboldt; siehe S. 28, Anmerkung 28.

2 Als Kammerherr der Frau des preußischen Thronfolgers, Friederike Luise, geb. von Hessen-Darmstadt (1751–1805).

3 Friedrich Wilhelm II. von Preußen (1744–1797), König seit 1786.

4 Marie Elisabeth von Humboldt, geb. Colomb, verw. von Hol(l)wede (1741–1796).

5 Unter den Vorfahren der Mutter finden sich aber nicht nur Hugenotten, sondern auch Ahnen schottischer und deutscher Herkunft.

6 Das Edikt von Nantes vom 13. 4. 1598 wurde am 23. 10. 1685 widerrrufen. Dadurch verloren die Protestanten in Frankreich das Recht zur Ausübung ihrer Religion und wurden verfolgt, was zu einer Massenflucht führte.

7 A. G. von Humboldt starb am 6. 1. 1779.

8 Dem widerspricht allerdings die Äußerung Wilhelm von Humboldts (1767–1835), er habe als Kind, besonders im Vergleich mit seinem Bruder Alexander, »für einen langsamen, wenig von der Natur begünstigten Kopf gegolten«. (Wilhelm von Humboldt, Autobiographische Fragmente, mitget. von Albert Leitzmann. In: Deutsche Rundschau. 1916, Bd. 167, S. 392).

9 Das ist: preußischer Gesandter in Rom im Rang eines Ministers.

denen ich mich in der Gegenwart beschäftige, habe ich mir selbst und sehr spät angeeignet. Vom Studium der Pflanzen habe ich nicht sprechen gehört, bis ich 1788 Herrn Willdenows Bekanntschaft machte,[10] der damals, im gleichen Alter wie ich, seine Flora Berlins[11] veröffentlichte. Sein sanfter und liebenswürdiger Charakter ließ mich die Botanik noch inniger lieben. Er hielt mir keine formellen Vorlesungen, aber ich brachte ihm die Pflanzen, die ich gesammelt hatte und die er bestimmte. Ich begeisterte mich für die Botanik, insbesondere für die Kryptogamen.[12] Der Anblick exotischer Pflanzen, sogar der getrockneten in den Herbarien, erfüllte meine Einbildung mit den Genüssen, die die Vegetation wärmerer Länder gewähren muß. Herr Willdenow stand in enger Verbindung mit Chevalier Thunberg,[13] von dem er oft Pflanzen aus Japan erhielt. Ich konnte sie nicht ansehen, ohne daß sich die Idee einstellte, diese Gegenden zu besuchen.

Ich faßte seitdem den Entschluß, Europa zu verlassen, aber ich war ein zu guter Sohn, um an die Verwirklichung zu Lebzeiten meiner Mutter zu denken. Der Rest meiner Familie ist ausgestorben; es gibt nur meinen Bruder und mich, die den Namen von Humboldt tragen.[14] 1789 sandte man mich für ein Jahr zum Studium nach Göttingen.[15] Hier empfing ich die anmutigsten Beweise der Güte von Seiten dreier englischer Prinzen,[16] deren Erzieher, General Malortie,[17] persönlich unserer Familie verbun-

10 Humboldt machte im Spätwinter 1788, als er sich zwischen seinem Studium an der Universität Frankfurt/Oder und dem an der Universität Göttingen in Berlin aufhielt, die Bekanntschaft des Botanikers Carl Ludwig Willdenow (siehe S. 33, Anmerkung 15).

11 Florae Berolinensis Prodromus, Berlin 1787.

12 Eine veraltete Bezeichnung von »verborgen zeugenden« Pflanzen, die damals das besondere Interesse der Botaniker in Anspruch nahmen.

13 Carl Petter Thunberg; siehe S. 34, Anmerkung 21.

14 Je berühmter Humboldt wurde, desto zahlreicher wurden jedoch Namensträger, die sich bei ihm meldeten und auf eine (meist nicht nachprüfbare) Verwandtschaft pochten.

15 Humboldt wurde am 25. 4. 1789 in Göttingen immatrikuliert.

16 In Göttingen studierten damals (das Kurfürstentum Hannover – ab 1814 Königreich – wurde von 1714–1837 in Personalunion vom britischen König regiert) die englischen Prinzen Adolphus Frederick (1774–1850), Augustus Frederick (1773–1843) und Ernst August (1771–1851), letzterer von 1837 an König von Hannover. Daß Humboldt hier das gute Verhältnis zu ihnen hervorhob, geschah aus taktischen, durch den beabsichtigten Verwendungszweck seiner Autobiographie (Einleitung zu einer englischen Ausgabe seines Reisewerks) bestimmten Gründen.

17 Carl Gabriel Heinrich von Malortie (1734–1798), hannoverscher Militär und englischer Prinzenerzieher.

den, es freundlicherweise übernommen hatte, auf uns aufzupassen.[18] Besonders viel verdanke ich Herrn Blumenbach[19] wie meinen Freunden, den Herren Persoon,[20] Schrader,[21] van Geuns[22] und Link,[23] die sich sämtlich als Botaniker bekannt gemacht haben. Von Göttingen aus unternahm ich Reisen in den Harz[24] und an die Ufer des Rheins.[25] Dort studierte ich die Basalte, über deren Neptunismus man dann so viel diskutiert hat.[26]

Nach Göttingen zurückgekehrt, veröffentlichte ich im Alter von 20 Jahren mein erstes Werk »Beobachtungen über die Basalte am Rhein«,[27] wobei ich in einer vorangestellten Erörterung[28] die Geschichte dieses Gesteins und insbesondere Beobachtungen über den Basanit-Basalt[29] und den Herakleischen Stein[30] der Alten darstellte. Im Frühjahr[31] schlug mir Herr Georg Forster,[32] dessen Bekanntschaft ich in Mainz gemacht hatte,[33] vor, ihn nach England auf der schnellen Reise zu begleiten, die er in einem kleinen, durch die Eleganz seines Stils mit Recht be-

18 Auch das ist aus den in Anmerkung 16 genannten Gründen leicht übertrieben.

19 Johann Friedrich Blumenbach (1752–1840), vielseitiger Naturforscher, insbesondere auf den Gebieten der vergleichenden Anatomie und Zoologie, in Göttingen; dort 1789/90 Humboldts Lehrer.

20 Christian Hendrik Persoon; siehe S. 35, Anmerkung 26.

21 Heinrich Adolf Schrader (1767–1836), Botaniker in Göttingen.

22 Der niederländische Arzt und Botaniker Steven Jan van Geuns (1767–1795) begleitete Humboldt vom 24. 9. 1789 an auf einer »naturhistorischen« Studienreise nach Südwestdeutschland (siehe S. 35, Anmerkung 29).

23 Heinrich Friedrich Link; siehe S. 35, Anmerkung 25.

24 Über Exkursionen in den Harz von Göttingen aus ist nichts Näheres bekannt geworden.

25 Siehe Anmerkung 22.

26 Im sogenannten Vulkanismusstreit ging es darum, ob die gesamte Gesteinswelt durch Ablagerungen aus dem Meer entstanden sei (wie die Anhänger des »Neptunismus« annahmen), oder ob der Basalt vulkanischen Ursprungs sei, welche These die »Vulkanisten« verfochten. Humboldt war anfangs Neptunist, wurde aber später zum Vulkanisten (auch »Plutonisten« genannt).

27 Mineralogische Beobachtungen über einige Basalte am Rhein. Mit vorangeschickten, zerstreuten Bemerkungen über den Basalt der ältern und neuern Schriftsteller, Braunschweig 1790.

28 Ebenda, S. 11–74.

29 Ebenda, S. 46–65. Basanit ist ein olivinhaltiger Nephelinbasalt.

30 Ebenda, S. 68–74. Der Herakleische Magnetstein verdankte, wie Humboldt betont, seinen Namen nicht dem mythologischen Herakles, sondern der in Lydien (Westkleinasien) gelegenen Stadt Heraklea.

31 1790.

32 Georg Forster; siehe S. 25, Anmerkung 6.

33 Auf der in Anmerkung 22 genannten Reise.

rühmten Werk (Ansichten etc.)[34] beschrieben hat. Wir fuhren nach Holland, England und Frankreich.[35] Diese Reise übte meinen Verstand und bestärkte mich mehr als je zuvor in meinem Entschluß zu einer Reise außerhalb Europas. Zum ersten Mal sah ich das Meer damals bei Ostende,[36] und ich erinnere mich, daß dieser Anblick den allergrößten Eindruck auf mich machte. Ich sah weniger das Wasser als die Länder, zu denen mich dies Element eines Tages tragen sollte. Sir Joseph Banks[37] hielt mich trotz meiner großen Jugend seiner Aufmerksamkeit für würdig und hat mir seither Güte erwiesen, die mir die lebhafteste Dankbarkeit einflößt. Ich hatte auch Gelegenheit, Herrn Cavendish,[38] Sir Charles Blagden,[39] Herrn Smith[40] und Herrn Sibthorp[41] in Oxford zu sehen. Wir besuchten Bristol und die Höhlen von Derbyshire.

Meine Mutter, die mich für das Finanzfach[42] bestimmt hatte, wollte, daß ich noch aus den Vorlesungen des berühmten Büsch[43] in Hamburg Vorteil zöge. Ich war ein Jahr[44] in seiner Handelsakademie genannten Anstalt. Die große Anzahl Engländer, die sich dort befanden, machte mich mit der Sprache und der englischen Literatur ziemlich vertraut. Noch immer studierte ich die Botanik und vor allem die Mineralogie. Schließlich erlangte ich, mich dem Bergfach widmen zu dürfen, da es die meisten Beziehungen zu meinen Neigungen hatte. Um den praktischen Teil zu erlernen und um mich unter dem großen Professor Werner[45] zu vervollkommnen, ging ich 1791 für ein Jahr nach

34 Georg Forster, Ansichten vom Niederrhein, von Brabant, Flandern, Holland, England und Frankreich im April, Mai und Junius 1790, Th. 1–3, Berlin 1791/94.

35 Die Reise begann in Mainz am 25.3. und endete dort am 11.7.1790.

36 Ostende, am 15.4.1790.

37 Sir Joseph Banks; siehe S. 32, Anmerkung 4.

38 Henry Cavendish (1731–1810), englischer Chemiker.

39 Sir Charles Blagden (1748–1820), englischer Naturforscher.

40 James Edward Smith (1759–1828), englischer Botaniker und Mediziner.

41 John Sibthorp (1758–1796), englischer Botaniker.

42 Das damals in Deutschland Kameralistik genannte Fach, die Finanz-, Wirtschafts- und Verwaltungskunde des Feudalabsolutismus. Da es für dieses Wort kein französisches Äquivalent gab, benutzte Humboldt das Wort »la finance«.

43 Johann Georg Büsch (1728–1800), sogenannter Handlungswissenschaftler in Hamburg, wurde von Karl Marx (1818–1883) als Epigone von James Steuart (1712–1780) charakterisiert.

44 Tatsächlich studierte Humboldt ab Mitte August 1790 nur acht Monate an der Hamburger Handelsakademie.

45 Abraham Gottlob Werner (1749–1817), bedeutender Geologe, Mineraloge und Montanwissenschaftler in Freiberg (Sachsen).

Freiberg.[46] Die Arbeit in den dortigen Bergwerken stärkte meinen Körper sehr. In dem Wissen, wie sehr ich eines Tages physische Kräfte nötig haben werde, suchte ich mich mit allen Mitteln abzuhärten und mich an Entbehrungen zu gewöhnen. Zu gleicher Zeit fertigte ich eine Arbeit über die unterirdischen Pflanzen an, die nur Scopoli[47] in einer kleinen Abhandlung[48] behandelt hatte, und ich veröffentlichte dann mein zweites Werk (in lateinischer Sprache) »Flora fribergensis, plantas cryptogamicas praesertim subterraneas recensens«.[49] Ich fügte dort den Versuch einer chemischen Physiologie der Pflanzen an,[50] in welchem meine Versuche über metallische Reize, mit oxygenierter Salzsäure, über den Einfluß von Lampenlicht, von verschiedenen Gasen dargestellt werden. 1792 wurde ich im Bergdepartement angestellt.[51] Eine von mir publizierte Abhandlung über das Salzsieden[52] veranlaßte den achtbaren Chef dieses Departements, Freiherrn von Heinitz,[53] mich die Salinen Süddeutschlands und Polens besichtigen zu lassen.[54] 1793 erhielt ich die Leitung des Bergbaus in den Markgrafentümern Bayreuth und Ansbach,[55] wo ich in der Bergbaupraxis bis 1797 tätig war.[56] Zwischendurch wurde ich von neuem zu halurgischen Erkundungen an den Ostseeküsten und in Polen verwendet.[57] Auch begleitete ich den Staatsminister von Hardenberg[58] 1794 in diplomatischer Mission

46 Humboldts Studium an der Bergakademie in Freiberg (Sachsen) dauerte vom 14. 6. 1791 an acht Monate.

47 Johann Anton Scopoli (1723–1788), aus Südtirol stammender Mineraloge und Chemiker in Pavia.

48 Jo[hann] Ant[on] Scopoli, Plantae subterraneae et delineatae. In: Dissertationes ad scientiam naturalem pertinentes, P. 1, Pragae 1772, S. 84–120, Taf. 1–46.

49 Der Titel lautet genau: Florae Fribergensis specimen, plantas cryptogamicas praesertim subterraneas exhibens. Accedunt Aphorismi ex doctrina physiologiae chemicae plantarum. Cum tabulis aeneis, Berolini 1793.

50 Ebenda, S. 133–189.

51 Am 29. 2. 1792.

52 Versuch über einige physikalische und chemische Grundsätze der Salzwerkskunde. In: Bergmännisches Journal. 5 (1792) Bd. 1, St. 1, S. 1–45; St. 2, S. 97–141.

53 Friedrich Anton Frh. von Heinitz; siehe S. 25, Anmerkung 4.

54 23. 9.–23. 12. 1792.

55 Humboldt wurde bereits am 6. 9. 1792 zum Oberbergmeister in den fränkischen Fürstentümern ernannt. Am 30. 5. 1793 trat er seinen Dienst an.

56 Humboldt schied bereits mit Ablauf des Jahres 1796 aus dem preußischen Bergdienst aus.

57 Anfang Mai bis Anfang Juni 1794.

58 Karl August Graf (später Fürst) von Hardenberg; siehe S. 27, Anmerkung 21.

59 Gemeint ist die preußische Armee am Rhein. Insgesamt dauerte die Abwesenheit Humboldts von Franken vom 12. 7. bis zum 8. 11. 1794.

zur Armee.[59] Ich blieb in ständiger Bewegung, denn 1795 unternahm ich eine andere Reise in der Schweiz und in Italien,[60] eine Reise, die mich die Alpenhöhen sehen ließ und mir den unvergleichlich großen Genuß brachte, die Herren Pictet[61] und Dolomieu[62] in Genf zu treffen. (Hier sagen Sie etwas Böses über Ihre Firma Mallet,[63] die mich ohne Geld ließ, nachdem mir Herr Bourrit[64] die letzten Pfennige für seine miserablen Stiche abgenommen hatte!! Sie erwähnen nichts davon, sondern Sie sagen daß) ich damals auch Herrn de Saussure[65] das erste und letzte Mal sah!

Der Tod meiner Mutter[66] veranlaßte mich, wirklich an meine Abreise aus Europa zu denken. Der König erlaubte mir zu reisen, er ernannte mich zum Oberbergrat[67] und wollte mir mein Gehalt während der Reise erhalten. Da ich nicht im Dienst nützlich sein konnte, lehnte ich das Gehalt ab. Aber ich wollte mich noch besser auf diese Reise vorbereiten; ich ging an die Universität Jena,[68] um einen kompletten und praktischen Kurs in Anatomie zu absolvieren. Ich veröffentlichte mein Werk über die Reizung der Nerven- und Muskelfaser in zwei Bänden,[69] eine Schrift, die sich nicht allein mit dem Galvanismus befaßt, sondern auch mit mehreren tausend Versuchen über Chemikalien, die mit den Organen in Kontakt gebracht worden waren. Ich glaubte, es sei vor dem Verlassen Europas erforderlich, die Vulkane in Italien zu sehen und mich mit praktischer Astronomie zu befassen. Herr von Zach[70] hatte mich zu letzterer Beschäfti-

60 Vom 17.7. bis zum 20.11.1795.

61 Marc-Auguste Pictet (1752–1825), Naturforscher in Genf, Empfänger der vorstehenden »Bekenntnisse«.

62 Déodat Guy Sylvain Tancrède Gratet de Dolomieu (1750–1801), französischer Geologe und Mineraloge.

63 Wohl ein Schweizer Bankhaus. Humboldts in runden Klammern gemachte Einfügung ist natürlich scherzhaft gemeint.

64 Marc Théodore Bourrit (1739–1819), Naturforscher in Genf.

65 Horace-Bénédict de Saussure (1740–1799), Natur-, insbesondere Alpenforscher in Genf. Er erfand ein Elektrometer.

66 Am 19.11.1796.

67 Am 1.5.1795.

68 Nachdem sich Humboldt bereits im Januar 1797 kürzere Zeit in Jena aufgehalten hatte, blieb er dort von Anfang März bis Ende Mai dieses Jahres.

69 Versuche über die gereizte Muskel- und Nervenfaser, nebst Vermuthungen über den chemischen Proceß des Lebens in der Thier- und Pflanzenwelt., Bd. 1–2, Posen, Berlin 1797[–1798].

70 Franz Xaver Frh. von Zach (1754–1832), Astronom, Direktor der Sternwarte auf dem Seeberg bei Gotha.

gung[71] angestachelt, und ich widmete mich ihr mit Enthusiasmus seit dem Sommer 1797.

Ich blieb von neuem einige Monate in Wien,[72] um dort die Reichtümer des Gartens von Schönbrunn zu studieren und um Vorteil aus den Ratschlägen des verehrungswürdigen Patriarchen der Botaniker, Herrn Jacquin,[73] zu ziehen. Hier schloß ich auch enge Freundschaft mit Herrn van der Schot,[74] einem jungen Botaniker, heute in den Vereinigten Staaten. Ich schmiedete mit ihm Pläne für eine Afrikareise, aber das Schicksal hat uns getrennt, so daß wir uns nie wiedergesehen haben. Der Krieg in Italien und die Unruhen von Neapel hielten mich von dem Projekt der Italienreise ab.[75] Ich verbrachte den Winter mit nutzlosem Warten in Salzburg,[76] wo ich mich mit Meteorologie beschäftigte und wo ich Gelegenheit nahm, die große, von mir zusammengestellte Instrumentensammlung an den benachbarten Berghöhen zu erproben. In Salzburg beendete ich auch ein Werk über die matten Wetter in Bergwerken und die Mittel, ihre Schädlichkeit für die menschliche Natur herabzusetzen.[77] Ich habe dort eine antimephitische Lampe beschrieben, die selbst atmosphärische Luft enthält, von dieser Luft durch Löcher um die Flamme lebt und in keinem matten Wetter[78] verlischt. Dies Werk ist zur Zeit meines Aufenthalts am Orinoco gedruckt worden. Während ich in Salzburg weilte, machte mir plötzlich Lord Bristol, Bischof von Derry,[79] den Vorschlag, ihn auf einer

71 Gemeint sind speziell geographische Ortsbestimmungen.

72 Von Dresden kommend, traf Humboldt Mitte August 1797 in Wien ein und blieb dort bis etwa zum 21. Oktober. Zuvor hatte er bereits auf der erwähnten bergmännisch-halurgischen Besichtigungsreise von 1792, und zwar vom 27.10. bis zum 9.11., in Wien geweilt.

73 Nikolaus Joseph Edler von Jacquin (1727–1817), Wiener Botaniker, Montanwissenschaftler und Forschungsreisender.

74 Joseph van der Schot (1763–1819), Universitäts-Obergärtner in Wien.

75 Neapel wurde im Dezember 1798 von den Franzosen besetzt, aber schon zuvor ließ die Kriegsführung Napoleons in Italien eine friedliche Reise dorthin ausgeschlossen erscheinen.

76 Humboldt hielt sich in Salzburg, von wo aus er mehrere Exkursionen unternahm, vom 26.10.1797 bis zum 24.4.1798 auf. Sein Warten dort war insofern »nutzlos«, als sich die Hoffnung, die geplante Italienreise doch noch durchführen zu können, nicht erfüllte.

77 Über die unterirdischen Gasarten und die Mittel, ihren Nachtheil zu vermindern. Ein Beytrag zur Physik der praktischen Bergbaukunde, Braunschweig 1799.

78 Sauerstoffarme, zum Atmen ungeeignete Luft im Bergwerk.

79 Frederick Augustus Hervey, Earl of Bristol, Bischof von Derry (1730–1803), exzentrischer englischer Reisender.

80 Humboldt traf, von Salzburg kommend, am 12.5.1798 in Paris ein.

Ägyptenreise zu begleiten. Er schrieb mir, daß wir von Neapel im Juli 1798 nach Rosette aufbrechen würden, von wo wir den Nil aufwärts fahren und die Besichtigung bis Assuan fortführen würden.

Ich mußte mich binnen acht Tagen entscheiden. Lord Bristol war in Fiume; ich habe ihn nur ein einziges Mal auf einer seiner Reisen gesehen, die er zu Pferde von Pyrmont nach Neapel unternahm. Ich wußte, daß es schwierig sei, mit ihm friedlich auszukommen, aber ich wußte auch, daß ich, mit einigem Geld versehen, ihn verlassen konnte, wenn er mich zu sehr ärgern würde. Ich sah wohl, daß die politischen Umstände sehr unvorteilhaft für die große Reise waren, die ich vorhatte; ich entschloß mich also, *während der Wartezeit* die kleine Ägyptenreise zu unternehmen. Als Lord Bristol mir diesen Vorschlag machte, hatte noch niemand in der Öffentlichkeit von der Expedition Bonapartes gesprochen. Umso erstaunter war ich, im Mai diese militärische Expedition angekündigt zu sehen. Das ließ mich befürchten, Lord Bristol könne seinen Plan nicht durchführen. Ich erhielt weiter keine Briefe von ihm, und bald danach erfuhr ich, daß ihn die französischen Truppen in Rom verhaftet hatten, daß man ihn beschuldigte, nach Ägypten aus politischen Gründen gehen zu wollen. All das war nicht sehr hinderlich für mich. Ich erfuhr die Festnahme Lord Bristols auf der Reise nach Paris,[80] wo damals mein Bruder weilte. Bonaparte war im Begriff, sich einzuschiffen.[81] Ich war so aufgeregt, es verlangte mich so sehr, andere Pflanzen, eine andere Sonne zu sehen, daß ich, falls ich die Herren Berthollet[82] und Monge[83] in Paris gefunden hätte, sie nach Ägypten begleitet haben würde. Ich blieb in Paris vom Mai bis zum September 1798,[84] arbeitete chemisch bei Herrn Vauquelin[85] und machte Bekanntschaft mit allen namhaften Gelehrten, vor allem genoß ich die innigste Freundschaft der Herren Cuvier,[86] Delambre,[87] Laplace,[88] Desfontaines,[89] Vauquelin,[90] Four-

81 Napoleon Bonaparte (1769–1821) brach am 19.5.1798 zu seiner ägyptischen Expedition auf.

82 Claude Louis Berthollet (1748–1822), französischer Chemiker, nahm an der ägyptischen Expedition Napoleons teil.

83 Gaspard Monge (1746–1818), französischer Mathematiker, leitete die die französischen Truppen in Ägypten begleitende Gruppe von Wissenschaftlern.

84 Humboldt blieb in Paris vom 12.5. bis zum 20.10. (also nicht bis zum September) 1798.

85 Nicolas Louis Vauquelin; siehe S. 29, Anmerkung 35.

86 Georges Baron Cuvier (1769–1832), französischer Anatom und Paläontologe.

87 Jean Baptiste Joseph Delambre (1749–1822), französischer Astronom.

croy,[91] Guyton,[92] Jussieu.[93] Ich vervollständigte meine Instrumente, und die Ratschläge von Herrn de Borda[94] wurden mir sehr nützlich. Ich wollte Europa verlassen und wußte nicht, wie es anzustellen. Das Direktorium[95] hatte beschlossen, daß der Kapitän Baudin[96] mit drei Schiffen eine Reise um die Welt unternehmen sollte, und zwar nach einem Plan, der sehr verschieden von dem war, den er durchgeführt hat; die Fahrt sollte sechs Jahre dauern. Ich zog Nutzen aus der Gefälligkeit des Museums für Naturgeschichte, welches dafür sorgte, daß ich mich diesem Unternehmen anschließen konnte. Von da an machte ich es zu meinem eigenen. Während zweier Monate traf ich täglich Kapitän Baudin, um von ihm zu erfahren, wann der ersehnte Tag unserer Abreise kommen werde. Herr Bonpland[97] sollte diese Expedition als Botaniker begleiten; ich lernte ihn damals kennen, und diese Bekanntschaft war einer der glücklichen Zufälle meines Lebens. Der Abbruch der Friedensverhandlungen von Rastatt[98] und das Fehlen von Mitteln zwangen das Direktorium zum Aufschub der Baudinschen Expedition. Das war ein Blitzstrahl für Herrn Bonpland und mich. Ich griff sogleich auf meine afrikanischen Projekte zurück. Ich glaubte, über Ägypten nach Ostindien gehen zu können. Da ich keine Forschungsreise auf Kosten einer Regierung machen konnte, beschloß ich, sie aus meinen eigenen Mitteln zu bestreiten. Ich lud Herrn Bonpland ein, mich zu begleiten. Ich hatte Freundschaft mit einem schwedischen Konsul, Herrn Skjöldebrand,[99] geschlossen, der in Marseille eine schwedische Fregatte erwartete, um mit ihr nach Algier zu fahren. Er sagte mir, jedes Jahr bräche eine Karawane von Tunis durch die Wüsten nach Kairo auf. Ich entschied mich,

88 Pierre-Simon de Laplace (1749–1827), französischer Mathematiker.

89 René Louiche Desfontaines (1750–1833), französischer Botaniker.

90 Siehe S. 29, Anmerkung 35.

91 Antoine François Comte Fourcroy (1755–1809), französischer Chemiker.

92 Louis-Bernard Guyton de Morveau (1737–1816), französischer Chemiker.

93 Antoine Laurent de Jussieu (1748–1836), französischer Botaniker.

94 Jean Charles de Borda (1733–1799), französischer Marineoffizier und Mathematiker.

95 Directoire: Die französische Regierung 1795/99.

96 Thomas Nicolas Baudin; siehe S. 29, Anmerkung 43.

97 Aimé Bonpland; siehe S. 30, Anmerkung 46.

98 Endgültig wurde der Friedenskongreß zu Rastatt, auf dem die Entschädigung der deutschen Fürsten für die linksrheinischen, an Frankreich abgetretenen Gebiete geregelt werden sollte, erst am 23. 4. 1799 ergebnislos abgebrochen.

99 Matthias Archimboldus Skjöldebrand (1765–1813), schwedischer Generalkonsul in Algier.

von Algier nach Tunis zu gehen und mich der Karawane anzuschließen. Wieder klappte es nicht. Ich wartete zwei Monate in Marseille und Toulon[100] – die schwedische Fregatte traf nicht ein. Voll Verdruß begab ich mich mit Herrn Bonpland nach Spanien,[101] um ein Paketboot zu benutzen, das von Zeit zu Zeit von Cartagena nach Tunis fährt; ich hielt an diesem Afrika-Projekt fest. Aber in Madrid angekommen, vernahmen wir, daß in der Berberei[102] sämtliche Franzosen gefangen genommen waren. Ich hatte alles für Herrn Bonpland zu befürchten, vielleicht für mich selbst, daß das Unternehmen, Pflanzen zu suchen dort, wo die Franzosen mit den Mamelucken kämpften, für ein französisches gehalten würde.[103]

Die neuen Madrider Beziehungen entschädigten mich endlich für die Folge von Widerwärtigkeiten, die ich seit dem Plan von Lord Bristol bis zum schwedischen Konsul zu ertragen gehabt hatte. Ein junger Minister, der Chevalier de Urquijo,[104] förderte die Wissenschaften mit einer außerordentlichen Liberalität. Ich wurde ihm durch den sächsischen Minister in Madrid, den Baron von Forell,[105] empfohlen, einem ausgezeichneten Mineralogen, der für die Öffentlichkeit eine hervorragende mineralogische Beschreibung Spaniens vorbereitete. Der König[106] und die Königin[107] von Spanien empfingen mich mit sehr auszeichnendem Wohlwollen, und man bewilligte einer Privatperson das, was man häufig befreundeten Regierungen verweigert hatte.[108] Dieser Vertrauensbeweis ehrt mich. Mit Empfehlungen des Hofes versehen, brach ich am 5. Juni 1799 von La Coruña auf. (Von hier an betrachten Sie die Abhandlung von Lamétherie,[109] die sehr genau ist, und so, eine Karte in der Hand, entwerfen Sie mit Leichtigkeit den Plan der Reise in Umrissen, ohne die kleinen

100 Humboldt war vom 27. 10. bis zum 15. 11. 1798 in Marseille; vom 10. bis zum 13. 11. unternahm er einen Ausflug nach Toulon.

101 Etwa am 5. 1. 1799 betraten Humboldt und Bonpland spanischen Boden.

102 Der nordwestliche Teil Afrikas zwischen Mittelmeer und Sahara.

103 Die Mamelucken, eine ägyptische Elitetruppe, waren besonders in der sogenannten Pyramidenschlacht vom 21. 7. 1798 durch die Franzosen besiegt worden. Die Folge war eine starke Franzosenfeindlichkeit in der ganzen arabischen Welt.

104 Mariano Luis de Urquijo (1768–1817), spanischer Staatsmann. Humboldt hatte ihn 1790 in London kennengelernt, was sich jetzt als höchst förderlich erwies.

105 Philipp Baron von Forell (1758–1808), aus der Schweiz stammender sächsischer Gesandter in Madrid. Ein Gesandter hatte Ministerrang.

106 Karl IV. (1748–1819) war von 1788–1800 König von Spanien.

107 Luise (1751–1819), Gattin Karls IV. von Spanien.

108 Nämlich eine Reise durch die überseeischen spanischen Kolonien.

Ortschaften zu nennen. Aber es wird gut sein, daraus einiges auszuziehen, weil, wie ich glaube, diese Abhandlung in England nicht bekannt ist.)

Als ich in Bordeaux am 1. August 1804 eintraf, war ich korrespondierendes Mitglied des Nationalinstituts[110] und Mitglied der Berliner Akademie,[111] der Sozietät von Philadelphia,[112] Akademiker der italienischen Akademie[113] während meiner Abwesenheit geworden. In Frankreich befaßte ich mich acht Monate[114] lang mit der Ordnung meiner Sammlungen und Zeichnungen und mit einer neuen chemischen Arbeit, die von Herrn Gay-Lussac[115] veröffentlicht wurde. Für mich habe ich keine Sammlung zurückbehalten. Eine Sammlung mit 6000 Spezimina von Pflanzen wurde im Museum zu Paris deponiert, eine andere mit Dubletten wurde Herrn Willdenow[116] übergeben, die Mineralien wurden dem Kabinett des Königs[117] zu Berlin übereignet.

Voller Unruhe und Erregung, freue ich mich nie über das Erreichte, und ich bin nur glücklich, wenn ich etwas Neues unternehme, und zwar drei Sachen mit einem Mal. In dieser Gemütsverfassung moralischer Unruhe, Folge eines Nomadenlebens, muß man die Hauptursachen der großen Unvollkommenheit meiner Werke suchen. Ich bin viel nützlicher durch die Sachen und Fakten geworden, von denen ich berichtet habe, durch die

109 Jean-Claude Delamétherie (1743–1817), französischer Naturforscher. Gemeint ist hier seine Notice d'un voyage aux tropiques, executé par MM. Humboldt et Bonpland, en 1799, 1800, 1801, 1802, 1803 et 1804. In: Journal de physique, de chimie, d'hist. naturelle et des arts. 59 (an 12/13 [1804]), S. 122–139.

110 Humboldt war korrespondierendes Mitglied der Académie des Sciences, einer der im französischen Institut national zusammengeschlossenen Akademien, seit dem 6. 2. 1804.

111 Am 4. 8. 1800 war Humboldt außerordentliches Mitglied der Berliner Akademie der Wissenschaften geworden.

112 Die American Philosophical Society in Philadelphia hatte Humboldt am 20. 7. 1804 zu ihrem Mitglied gemacht.

113 Über die Mitgliedschaft Humboldts in einer der italienischen Akademien *vor* seiner Rückkehr aus Amerika sind keine Belege bekannt.

114 Humboldt traf am 27. 8. 1804 in Paris ein und blieb dort bis zum 11. 3. 1805.

115 Louis-Joseph Gay-Lussac (1778–1850), französischer Physiker und Chemiker. Mit ihm zusammen veröffentlichte Humboldt Expériences sur les moyens eudiométriques, et sur la proportion des principes constituans de l'atmosphère. In: Journal de physique, de chimie, d'hist. naturelle et des arts. 60 (an 13 [1805]), S. 129–158. Gay-Lussac allein publizierte Mémoire sur la combinaison des substances gazeuses, les unes avec les autres. In: Mémoires de physique et de chimie de la Société d'Arcueil. 2 (1809), S. 206–234, 252–253.

116 Diese Sammlung ist erhalten geblieben.

117 Friedrich Wilhelm III. von Preußen (1770–1840).

Ideen, die ich bei anderen habe entstehen lassen, als durch die Werke, die ich selbst publiziert habe. Indessen habe ich es nie an einem guten und großen Willen fehlen lassen noch an fleißiger Arbeit. Im heißesten Klima des Erdballs habe ich oft 15 bis 16 Stunden hintereinander geschrieben oder gezeichnet. Meine Gesundheit hat darunter nicht gelitten, und ich bereite mich auf eine Reise nach Asien vor,[118] nachdem ich die Ergebnisse meiner amerikanischen Forschungsreise veröffentlicht habe.

Wollen Sie mein gegenwärtiges Leben berücksichtigen? Dann können Sie hinzufügen, daß ich ganz Italien durchquert habe,[119] daß ich den Genuß hatte, innerhalb von 15 Monaten die Städte Mexiko, Philadelphia, Paris und Rom[120] zu sehen, daß der Vesuv uns sein Fest gegeben hat.[121] Aber sagen Sie nicht, daß man mich nach meiner Rückkehr in mein Vaterland zum ... Kammerherrn gemacht hat![122] (Aber sagen Sie am Schluß irgendetwas Schmeichelhaftes über meinen König,[123] der mich tatsächlich sehr auszeichnet.) Dies erinnert mich daran, daß ein Kammerherr in Potsdam Herrn Forster[124] den Vater nach der Rückkehr von der Cookschen Reise fragte, ob er den König Friedrich[125] gesehen habe und ob Könige einen gewissen Eindruck auf ihn machten. »Nein«, sagte Forster, »ich bin daran ganz gewöhnt. Ich habe fünf wilde Könige gesehen und zwei vollkommen gezähmte in Europa.« Auf deutsch ist dieses Wort sehr drollig.

A. Humboldt

a) Wenn Sie von mir sprechen, liebe ich es am meisten, daß Sie einfach Herr Humboldt sagen, höchstens Herr Alexander Humboldt. Das ist englischer, denn das »von«, oft wiederholt, klingt

118 Diese Pläne wurden erst 1829 in Form der russisch-sibirischen Reise verwirklicht.

119 Humboldt verließ Paris in Richtung Rom am 11. 3. und brach von dort am 18. 9. 1805 nach Berlin auf.

120 Am 20. 1. 1804 hatte Humboldt Mexiko-Stadt verlassen, vom 24. bis zum 29. 5. und vom 18. bis zum 30. 6. 1804 war er in Philadelphia. Über seinen Pariser Aufenthalt siehe die Anmerkung 114. In Rom war er vom 1. 5. bis zum 16. 7. und vom 21. 8. bis zum 18. 9. 1805.

121 Am 12. 8. 1805 beobachtete Humboldt einen Ausbruch des Vesuvs.

122 Diesen preußischen Hofrang erhielt Humboldt im Dezember 1805. Es war ihm nicht angenehm, dadurch als »Höfling« abgestempelt worden zu sein.

123 Siehe Anmerkung 117.

124 Reinhold Forster; siehe S. 37, Anmerkung 47.

125 Friedrich II. von Preußen (1712–1786).

schlecht im Ohr. Um die Titel unserer Familie zu bewahren (denn Sie sehen, daß ich Ihr Stück diplomatisch behandle),[126] schreiben Sie ein einziges Mal Friedrich-Alexander Freiherr[127] von Humboldt, aber nur einmal, denn damit wird auf *Grundsätze* Wert gelegt, die Sie nicht völlig teilen (aber an denen mein Bruder und ich ungeachtet der Veränderungen der Zeit festhalten), daß wir den *Titel* nur in den außerordentlichsten Fällen benutzen, folglich nie am Beginn eines Buches.[128]

b) Ich habe nur von meinen Monographien gesprochen, aber es gibt viele Abhandlungen von mir im Journal von Lamétherie,[129] in den Annalen der Chemie in Paris,[130] in den Chemischen Annalen von Crell,[131] im deutschen Journal in Freiberg,[132] im Astronomischen Journal von Zach,[133] im botanischen Magazin von Usteri,[134] im spanischen Journal von Cavanilles.[135] Es handelt sich immer um Versuche oder um gute oder schlechte Beobachtungen, niemals aber um Theorien, mit denen ich nicht freigebig bin.

---

126 Damit ist gemeint, daß Humboldt bemüht war, die Unterlagen für Pictet mit großer Sorgfalt und Genauigkeit zusammenzustellen.

127 Humboldt benutzt im französischen Original die Entsprechung »Baron«.

128 Weder Wilhelm noch Alexander von Humboldt waren zur Führung des Adelsprädikats »Freiherr« bzw. »Baron« berechtigt. Erst 1875 wurden den männlichen Nachkommen Wilhelm von Humboldts (siehe S.40, Anmerkung 64) die erbliche Führung des Freiherrntitels bewilligt. Daß beide Brüder auf das (ihnen nicht zustehende) Prädikat eines Freiherrn bzw. Barons Wert legten, beruht wohl auf einer von ihnen ungeprüft geglaubten mündlichen Familienüberlieferung. Das Adelsprädikat »von« war 1738 dem Großvater der Brüder, dem preußischen Offizier Johann (Hans) Paul Humboldt (1684–1740), verliehen worden.

129 Siehe Anmerkung 109.

130 Annales de chemie.

131 Chemische Annalen von Lorenz von Crell (1744–1816), einem Chemiker und Mediziner.

132 Gemeint ist das Bergmännische Journal in Freiberg und Annaberg.

133 Allgemeine Geographische Ephemeriden von Franz Xaver Frh. von Zach (siehe Anmerkung 70).

134 Botanisches Magazin (auch: Magazin für die Botanik), 1787 von Johann Jacob Römer (1763–1819, Arzt und Botaniker in Zürich) und Paulus Usteri (1768–1831, Schweizer Botaniker, Mediziner und Staatsmann) gegründet, von 1787 bis 1790 erschienen 12 Stücke.

135 Anales de historia natural (später: Anales de ciencias naturales), hrsg. von dem spanischen Botaniker Antonio José Cavanilles (1745–1804). – Humboldt hätte eine ganze Reihe weiterer Zeitschriften aufführen können, in denen seine Abhandlungen erschienen sind. Teilweise haben die von Humboldt genannten Herausgeber, wie Zach und Usteri, auch noch andere Zeitschriften ediert, in denen Humboldt als Autor in Erscheinung getreten ist, aber ihm kam es wohl in seiner Mitteilung an Pictet nur darauf an, eine repräsentative Auswahl zu bieten.

MEIN AUFBRUCH NACH AMERIKA

Vorbemerkung:

Zu den autobiographischen Schriften Humboldts müssen wir ohne Zweifel auch den Beginn seines Berichts über die als »zweite, wissenschaftliche Entdeckung Amerikas« berühmt gewordene Forschungsreise von 1799 bis 1804 durch die heutigen Staaten Venezuela, Kuba, Kolumbien, Ekuador, Peru und Mexiko rechnen, obgleich der Erlebnisbericht später in zunehmendem Maße durch die Wiedergabe wissenschaftlicher Beobachtungen und daraus abgeleiteter Schlußfolgerungen unterbrochen und der chronologische Ablauf nicht immer streng beachtet wird. Zudem hat Humboldt diesen Bericht nie vollendet; er bricht kurz nach dem Eintreffen in Kolumbien ab und beinhaltet in erster Linie den Aufenthalt in Venezuela. Aber der Anfang des für ein breites Publikum bestimmten Berichts hat noch überwiegend autobiographischen Charakter, weshalb wir ihn mit wenigen Auslassungen unter die Selbstzeugnisse eingereiht haben.

Wir folgen hier der noch von Humboldt selbst autorisierten Übersetzung durch Hermann Hauff (1800–1865) »Alexander von Humboldt's Reise in die Aequinoctial-Gegenden des neuen Continents«, Bd. 1, Stuttgart 1859, S. 1–27. Die Rechtschreibung wurde den heute gültigen Regeln angepaßt.

Da die vor 1814 niedergeschriebenen Ausführungen von vornherein auf literarische Wirkung abzielten, soll der Genuß an der Lektüre nicht durch zu zahlreiche Fußnoten beeinträchtigt werden. Wir haben daher hier die Anmerkungen auf ein Minimum beschränkt und auf biographische Daten für Personen verzichtet, die bereits vorher kommentiert worden sind.

Von früher Jugend auf lebte in mir der sehnliche Wunsch, ferne, von Europäern wenig besuchte Länder bereisen zu dürfen.[1] Dieser Drang ist bezeichnend für einen Zeitpunkt im Leben, wo dieses vor uns liegt wie ein schrankenloser Horizont, wo uns nichts so sehr anzieht als starke Gemütsbewegungen und Bilder physischer Fährlichkeiten. In einem Lande aufgewachsen, das in keinem unmittelbaren Verkehr mit den Kolonien in beiden Indien steht, später in einem fern von der Meeresküste gelegenen, durch starken Bergbau berühmten Gebirge[2] lebend, fühlte ich den Trieb zur See und zu weiten Fahrten immer mächtiger in mir werden. Dinge, die wir nur aus den lebendigen Schilderungen der Reisenden kennen, haben ganz besonderen Reiz für uns; alles in Entlegenheit undeutlich Umrissene besticht unsere Einbildungskraft; Genüsse, die uns nicht erreichbar sind, scheinen uns weit lockender, als was sich uns im engen Kreise des bürgerlichen Lebens bietet. Die Lust am Botanisieren, das Studium der Geologie, ein Ausflug nach Holland, England und Frankreich in Gesellschaft eines berühmten Mannes, Georg Forsters, dem das Glück geworden war, Kapitän Cook auf seiner zweiten Reise um die Welt zu begleiten, trugen dazu bei, den Reiseplänen, die ich schon mit achtzehn Jahren gehegt, Gestalt und Ziel zu geben. Wenn es mich noch immer in die schönen Länder des heißen Erdgürtels zog, so war es jetzt nicht mehr der Drang nach einem aufregenden Wanderleben, es war der Trieb, eine wilde, großartige, an mannigfaltigen Naturprodukten reiche Natur zu sehen, die Aussicht, Erfahrungen zu sammeln, welche die Wissenschaft förderten. Meine Verhältnisse gestatteten mir damals nicht, Gedanken zu verwirklichen, die mich so lebhaft beschäftigten, und ich hatte sechs Jahre Zeit, mich zu den Beobachtungen, die ich in der Neuen Welt anzustellen gedachte, vorzubereiten, mehrere Länder Europas zu bereisen und die Kette der Hochalpen zu untersuchen, deren Bau ich in der Folge mit dem der Anden von Quito und Peru vergleichen konnte. Da ich zu verschiedenen Zeiten mit Instrumenten von verschiedener Konstruktion arbeitete, wählte ich am Ende diejenigen, die mir als die genauesten und dabei auf dem Transport dauerhaftesten erschienen; ich fand Gelegenheit, Messungen, die nach den strengsten Methoden vorgenommen wurden, zu wiederholen, und lernte so selb-

1 »Frühe Jugend« bedeutet hier, wie Humboldt unten sagt und wie er auch 1801 in Bogotá niederschrieb, etwa das Alter von achtzehn Jahren.

2 Fichtelgebirge.

ständig die Grenzen der Irrtümer kennen, auf die ich gefaßt sein mußte.

Im Jahre 1795 hatte ich einen Teil von Italien bereist, aber die vulkanischen Striche von Neapel und Sizilien, nicht besuchen können. Ungern hätte ich Europa verlassen, ohne Vesuv, Stromboli und Ätna gesehen zu haben; ich sah ein, um zahlreiche geologische Erscheinungen, namentlich in der Trappformation,[3] richtig aufzufassen, mußte ich mich mit den Erscheinungen, wie noch tätige Vulkane sie bieten, näher bekannt gemacht haben. Ich entschloß mich daher im November 1797, wieder nach Italien zu gehen. Ich hielt mich lange in Wien auf, wo die ausgezeichneten Sammlungen und die Freundlichkeit Jacquins und Josephs van der Schot mich in meinen vorbereitenden Studien ausnehmend förderten; ich durchzog mit Leopold von Buch,[4] von dem seitdem ein treffliches Werk über Lappland[5] erschienen ist, mehrere Teile des Salzburger Landes und Steiermark, Länder, die für den Geologen und den Landschaftsmaler gleich viel Anziehendes haben; als ich aber über die Tiroler Alpen gehen wollte, sah ich mich durch den in ganz Italien ausgebrochenen Krieg genötigt, den Plan der Reise nach Neapel aufzugeben.

Kurz zuvor hatte ein leidenschaftlicher Kunstfreund,[6] der bereits die Küsten Illyriens und Griechenlands als Altertumsforscher besucht hatte, mir den Vorschlag gemacht, ihn auf einer Reise nach Oberägypten zu begleiten. Der Ausflug sollte nur acht Monate dauern; geschickte Zeichner und astronomische Werkzeuge sollten uns begleiten, und so wollten wir den Nil bis Assuan hinaufgehen und den zwischen Tentyris und den Katarakten gelegenen Teil des Said[7] genau untersuchen. Ich hatte bis jetzt bei meinen Plänen nie ein außertropisches Land im Auge gehabt, dennoch konnte ich der Versuchung nicht widerstehen, Länder zu besuchen, die in der Geschichte der Kultur eine so bedeutende Rolle spielen. Ich nahm den Vorschlag an, aber unter der ausdrücklichen Bedingung, daß ich bei der Rückkehr nach Alexandrien allein durch Syrien und Palästina weiterreisen dürfte. Sofort richtete ich meine Studien nach dem neuen Plane

3 Plateaubasalt.

4 Leopold von Buch (1774–1853), einer der hervorragendsten Geologen seiner Zeit, mit Humboldt seit dem gemeinsamen Studium an der Bergakademie in Freiberg (Sachsen) befreundet.

5 Reise durch Norwegen und Lappland, Th. 1 u. 2, Berlin 1810.

6 Frederick Augustus Hervey; siehe S. 56, Anmerkung 79.

7 Oberägypten.

ein, was mir später zugute kam, als es sich davon handelte, die rohen Denkmale der Mexikaner mit denen der Völker der Alten Welt zu vergleichen. Ich hatte die nahe Aussicht, mich nach Ägypten einzuschiffen, da nötigten mich die eingetretenen politischen Verhältnisse, eine Reise aufzugeben, die mir so großen Genuß versprach. Im Orient standen die Dinge so, daß ein einzelner Reisender gar keine Aussicht hatte, dort Studien machen zu können, welche selbst in den ruhigsten Zeiten von den Regierungen mit mißtrauischem Auge angesehen werden.

Zur selben Zeit war in Frankreich eine Entdeckungsreise in die Südsee unter dem Befehl des Kapitäns Baudin am Werk. Der ursprüngliche Plan war großartig, kühn, und hätte verdient, unter umsichtiger Leitung ausgeführt zu werden. Man wollte die spanischen Besitzungen in Südamerika von der Mündung des Rio de la Plata bis zum Königreich Quito und der Landenge von Panama besuchen. Die zwei Korvetten sollten sofort über die Inselwelt des stillen Meeres nach Neuholland[8] gelangen, die Küsten desselben von Vandiemensland[9] bis Nuytsland[10] untersuchen, bei Madagaskar anlegen und über das Kap der Guten Hoffnung zurückkehren. Ich war nach Paris gekommen, als man sich eben zu dieser Reise zu rüsten begann. Der Charakter des Kapitäns Baudin war eben nicht geeignet, mir Vertrauen einzuflößen; der Mann hatte meinen Freund, den jungen Botaniker van der Schot, nach Brasilien gebracht, und der Wiener Hof war dabei mit ihm schlecht zufrieden gewesen; da ich aber mit eigenen Mitteln nie eine so weite Reise unternehmen und ein so schönes Stück der Welt hätte kennenlernen können, so entschloß ich mich, auf gutes Glück die Expedition mitzumachen. Ich erhielt die Erlaubnis, mich mit meinen Instrumenten auf einer der Korvetten, die nach der Südsee gehen sollten, einzuschiffen, und machte nur zur Bedingung, daß ich mich von Kapitän Baudin trennen dürfte, wo und wann es mir beliebte. Michaux,[11] der bereits Persien und einen Teil von Nordamerika besucht hatte, und Bonpland, dem ich mich anschloß, und der mir seitdem aufs innigste befreundet geblieben, sollten die Reise als Naturforscher mitmachen.

Ich hatte mich einige Monate lang darauf gefreut, an einer so großen und ehrenvollen Unternehmung teilnehmen zu dürfen,

8 Australien.

9 Tasmanien.

10 Südwestaustralien.

11 André Michaux (1746–1802), französischer Naturforscher und Reisender.

da brach der Krieg in Deutschland und Italien von neuem aus, so daß die französische Regierung die Geldmittel, die sie zu der Entdeckungsreise angewiesen, zurückzog und dieselbe auf unbestimmte Zeit verschob. Mit Kummer sah ich alle meine Aussichten vernichtet, ein einziger Tag hatte dem Plane, den ich für mehrere Lebensjahre entworfen, ein Ende gemacht, da beschloß ich, nur so bald als möglich, wie es auch sei, von Europa wegzukommen, irgend etwas zu unternehmen, das meinen Unmut zerstreuen könnte.

Ich wurde mit einem schwedischen Konsul, Skjöldebrand, bekannt, der dem Dey[12] von Algier Geschenke von seiten seines Hofes zu überbringen hatte und durch Paris kam, um sich in Marseille einzuschiffen. Dieser achtungswerte Mann war lange auf der afrikanischen Küste angestellt gewesen, und da er bei der algerischen Regierung gut angeschrieben war, konnte er für mich erwirken, daß ich den Teil der Atlaskette bereisen durfte, auf den sich die bedeutenden Untersuchungen von Desfontaines nicht erstreckt hatten. Er schickte jedes Jahr ein Fahrzeug nach Tunis, auf dem die Pilger nach Mekka gingen, und er versprach mir, mich auf diesem Wege nach Ägypten zu befördern. Ich besann mich keinen Augenblick, eine so gute Gelegenheit zu benutzen, und ich meinte, nunmehr den Plan, den ich vor meiner Reise nach Frankreich entworfen, sofort ausführen zu können. Bis jetzt hatte kein Mineraloge die hohe Bergkette untersucht, die in Marokko bis zur Grenze des ewigen Schnees aufsteigt. Ich konnte darauf rechnen, daß ich, nachdem ich in den Alpenstrichen der Berberei[13] einiges für die Wissenschaft getan, in Ägypten bei den bedeutenden Gelehrten, die seit einigen Monaten zum Institut von Kairo[14] zusammengetreten waren, dasselbe Entgegenkommen fand, das mir in Paris in so reichem Maße zuteil geworden. Ich ergänzte rasch meine Sammlung von Instrumenten und verschaffte mir die Werke über die zu bereisenden Länder. Ich nahm Abschied von meinem Bruder, der durch Rat und Beispiel meine Geistesrichtung hatte bestimmen helfen. Er billigte die Beweggründe meines Entschlusses, Europa zu verlassen; eine geheime Stimme sagte uns, daß wir uns wiedersehen würden. Diese Hoffnung hat uns auch nicht betrogen, und sie linderte den Schmerz einer langen Trennung. Ich verließ Paris

12 Titel der damaligen Herrscher in Algerien.

13 Sammelbegriff für Marokko, Algerien, Tunesien und Libyen.

14 Wissenschaftliche Institution der Napoleon auf seiner ägyptischen Expedition 1798–1802 begleitenden Gelehrten und Künstler.

mit dem Entschluß, mich nach Algier und Ägypten einzuschiffen, und wie nun einmal der Zufall in allen Menschenleben regiert, ich sah bei der Rückkehr vom Amazonenstrom und aus Peru meinen Bruder wieder, ohne das Festland von Afrika betreten zu haben.

Die schwedische Fregatte, welche Skjöldebrand nach Algier überführen sollte, wurde zu Marseille in den letzten Tagen des Oktober erwartet. Bonpland und ich begaben uns um diese Zeit dahin und eilten um so mehr, da wir während der Reise immer besorgten, zu spät zu kommen und das Schiff zu versäumen. Wir ahnten nicht, welche neuen Widerwärtigkeiten uns zunächst bevorstanden.

Skjöldebrand war so ungeduldig als wir, seinen Bestimmungsort zu erreichen. Wir bestiegen mehrmals am Tage den Berg Notre Dame de la Garde, von dem man weit ins Mittelmeer hinausblickt. Jedes Segel, das am Horizont sichtbar wurde, setzte uns in Aufregung; aber nachdem wir zwei Monate in großer Unruhe vergeblich geharrt, ersahen wir aus den Zeitungen, daß die schwedische Fregatte, die uns überführen sollte, in einem Sturm an den Küsten von Portugal stark gelitten und in den Hafen von Cadiz habe einlaufen müssen, um ausgebessert zu werden. Privatbriefe bestätigten die Nachricht, und es war gewiß, daß der Jaramas – so hieß die Fregatte – vor dem Frühjahr nicht nach Marseille kommen konnte.

Wir konnten es nicht über uns gewinnen, bis dahin in der Provence zu bleiben. Das Land, zumal das Klima, fanden wir herrlich; aber der Anblick des Meeres mahnte uns fortwährend an unsere zertrümmerten Hoffnungen. Auf einem Ausflug nach Hyères und Toulon fanden wir in letzterem Hafen die Fregatte Boudeuse, die Bougainville[15] auf seiner Reise um die Welt befehligt hatte. Ich hatte mich zu Paris, als ich mich rüstete, die Expedition des Kapitäns Baudin mitzumachen, des besonderen Wohlwollens des berühmten Seefahrers zu erfreuen gehabt. Nur schwer vermöchte ich zu schildern, was ich beim Anblick des Schiffes empfand, das Commerson[16] auf die Inseln der Südsee gebracht. Es gibt Stimmungen, in denen sich ein Schmerzgefühl in alle unsere Empfindungen mischt.

Wir hielten immer noch am Gedanken fest, uns an die afrika-

15 Louis-Antoine de Bougainville (1729–1811) hatte 1766/69 die Welt umsegelt und einen bedeutenden Beitrag zur Erforschung der Südsee geleistet.

16 Philibert Commerson (1727–1773) hatte als Naturforscher an der Weltumsegelung Bougainvilles teilgenommen.

nische Küste zu begeben, und dieser zähe Entschluß wäre uns beinahe verderblich geworden. Im Hafen von Marseille lag zur Zeit ein kleines ragusanisches Fahrzeug bereit, nach Tunis unter Segel zu gehen. Dies schien uns eine günstige Gelegenheit; wir kamen ja auf diese Weise in die Nähe von Ägypten und Syrien. Wir wurden mit dem Kapitän wegen des Überfahrtspreises einig; am folgenden Tage sollten wir unter Segel gehen, aber die Abreise verzögerte sich glücklicherweise durch einen an sich ganz unbedeutenden Umstand. Das Vieh, das uns als Proviant auf der Überfahrt dienen sollte, war in der großen Kajüte untergebracht. Wir verlangten, daß zur Bequemlichkeit der Reisenden und zur sicheren Unterbringung unserer Instrumente das Notwendigste vorgekehrt werde. Allermittelst erfuhr man in Marseille, daß die tunesische Regierung die in der Berberei niedergelassenen Franzosen verfolgte, und daß alle aus französischen Häfen ankommenden Personen ins Gefängnis geworfen würden. Durch diese Kunde entgingen wir einer großen Gefahr; wir mußten die Ausführung unserer Pläne verschieben und entschlossen uns, den Winter in Spanien zuzubringen, in der Hoffnung, uns im nächsten Frühjahr, wenn anders die politischen Zustände im Orient es gestatteten, in Cartagena oder in Cadiz einschiffen zu können.

Wir reisten durch Katalonien und das Königreich Valencia nach Madrid. Wir besuchten auf dem Wege die Trümmer Tarragonas und des alten Sagunt, machten von Barcelona aus einen Ausflug auf den Montserrat, dessen hochaufragende Gipfel von Einsiedlern bewohnt sind, und der durch die Kontraste eines kräftigen Pflanzenwuchses und nackter, öder Felsmassen ein eigentümliches Landschaftsbild bietet. Ich fand Gelegenheit, durch astronomische Rechnung die Lage mehrerer für die Geographie Spaniens wichtiger Punkte zu bestimmen; ich maß mittels des Barometers die Höhe des Zentralplateaus und stellte einige Beobachtungen über die Inklination der Magnetnadel und die Intensität der magnetischen Kraft an. Die Ergebnisse dieser Beobachtungen sind für sich erschienen,[17] und ich verbreite mich hier nicht weiter über die Naturbeschaffenheit eines Landes, in dem ich mich nur ein halbes Jahr aufhielt, und das in neuerer Zeit von so vielen unterrichteten Männern bereist worden ist.

17 Observations faites en Espagne et aux îles Canaries. In: Recueil d'observations astronomiques [...], T. 1, Paris 1810.

Zu Madrid angelangt, fand ich bald Ursache, mir Glück dazu zu wünschen, daß wir uns entschlossen, die Halbinsel zu besuchen. Der Baron Forell, sächsischer Gesandter am spanischen Hofe, kam mir auf eine Weise entgegen, die meinen Zwecken sehr förderlich wurde. Er verband mit ausgebreiteten mineralogischen Kenntnissen das regste Interesse für Unternehmungen zur Förderung der Wissenschaft. Er bedeutete mir, daß ich unter der Verwaltung eines aufgeklärten Ministers, des Ritters Don Mariano Luis de Urquijo, Aussicht habe, auf meine Kosten im Innern des spanischen Amerikas reisen zu dürfen. Nach all den Widerwärtigkeiten, die ich erfahren, besann ich mich keinen Augenblick, diesen Gedanken zu ergreifen.

Im März 1799 wurde ich dem Hofe von Aranjuez vorgestellt. Der König nahm mich äußerst wohlwollend auf. Ich entwickelte die Gründe, die mich bewogen, eine Reise in den neuen Kontinent und auf die Philippinen zu unternehmen, und reichte dem Staatssekretär eine darauf bezügliche Denkschrift ein. Der Ritter d'Urquijo unterstützte mein Gesuch und räumte alle Schwierigkeiten aus dem Wege. Der Minister handelte hierbei desto großmütiger, da ich in gar keiner persönlichen Beziehung zu ihm stand.[18] Der Eifer, mit dem er fortwährend meine Absichten unterstützte, hatte keinen anderen Beweggrund, als seine Liebe zu den Wissenschaften. Es wird mir zur angenehmen Pflicht, in diesem Werke der Dienste, die er mir erwiesen, dankbar zu gedenken.

Ich erhielt zwei Pässe, den einen vom ersten Staatssekretär, den anderen vom Rat von Indien. Nie war einem Reisenden mit der Erlaubnis, die man ihm erteilte, mehr zugestanden worden, nie hatte die spanische Regierung einem Fremden größeres Vertrauen bewiesen. Um alle Bedenken zu beseitigen, welche die Vizekönige oder Generalkapitäne, als Vertreter der königlichen Gewalt in Amerika, hinsichtlich des Zweckes und Wesens meiner Beschäftigungen erheben könnten, hieß es im Paß der primera secretaria de estado:[19] »ich sei ermächtigt, mich meiner physikalischen und geodätischen Instrumente mit voller Freiheit zu bedienen; ich dürfte in allen spanischen Besitzungen astronomische Beobachtungen anstellen, die Höhen der Berge messen, die Erzeugnisse des Bodens sammeln und alle Operationen ausführen, die ich zur Förderung der Wissenschaft vorzunehmen

18 Allerdings hatte ihn Humboldt 1790 in London kennengelernt.

19 Hauptstaatskanzlei.

gut finde«. Diese Befehle von seiten des Hofes wurden genau befolgt, auch nachdem infolge der Ereignisse Don d'Urquijo vom Ministerium hatte abtreten müssen. Ich meinerseits war bemüht, diese sich nie verleugnende Freundlichkeit zu erwidern.

Ich übergab während meines Aufenthaltes in Amerika den Statthaltern der Provinzen Abschriften des von mir gesammelten Materials über die Geographie und Statistik der Kolonien, das dem Mutterlande von einigem Wert sein konnte. Dem von mir vor meiner Abreise gegebenen Versprechen gemäß übermachte ich dem naturhistorischen Kabinett zu Madrid mehrere geologische Sammlungen. Da der Zweck unserer Reise ein rein wissenschaftlicher war, so hatten Bonpland und ich das Glück, uns das Wohlwollen der Kolonisten wie der mit der Verwaltung dieser weiten Landstriche betrauten Europäer zu erwerben. In den fünf Jahren, während derer wir den neuen Kontinent durchzogen, sind wir niemals einer Spur von Mißtrauen begegnet. Mit Freude spreche ich es hier aus: unter den härtesten Entbehrungen, im Kampfe mit einer wilden Natur haben wir uns nie über menschliche Ungerechtigkeit zu beklagen gehabt. [...]

Wir verließen Madrid gegen die Mitte Mai. Wir reisten durch einen Teil von Altkastilien, durch das Königreich Leon und Galicien und Coruña, wo wir uns nach der Insel Kuba einschiffen sollten. [...]

In Coruña angelangt, fanden wir den Hafen von zwei englischen Fregatten und einem Linienschiff blockiert. Diese Fahrzeuge sollten den Verkehr zwischen dem Mutterland und den Kolonien in Amerika unterbrechen; denn von Coruña, nicht von Cadiz lief damals jeden Monat ein Paketboot (Correo maritimo) nach Havanna aus, und alle zwei Monate ein anderes nach Buenos Aires oder der Mündung des La Plata. [...]

Der Minister hatte uns ganz besonders dem Brigadier Don Rafael Clavijo empfohlen, der seit kurzem die Oberaufsicht über die Seeposten hatte. Dieser Offizier, bekannt als ausgezeichneter Schiffsbauer, war in Coruña mit der Einrichtung neuer Werften beschäftigt. Er bot alles auf, um uns den Aufenthalt im Hafen angenehm zu machen, und gab uns den Rat, uns auf der Korvette Pizarro einzuschiffen, die nach Havanna und Mexiko ging. Dieses Fahrzeug, das die Post für Juni an Bord hatte, sollte mit der Alcudia segeln, dem Paketboot für den Mai, das wegen der Blockade seit drei Wochen nicht hatte auslaufen können. Der Pizarro galt für keinen guten Segler, aber durch einen glücklichen Zufall war er vor kurzem auf seiner langen Fahrt vom Rio de la

Plata nach Coruña den kreuzenden englischen Fahrzeugen entgangen. Clavijo ließ an Bord der Korvette Einrichtungen treffen, daß wir unsere Instrumente aufstellen und während der Überfahrt unsere chemischen Versuche über die atmosphärische Luft vornehmen konnten. Der Kapitän des Pizarro erhielt Befehl, bei Teneriffa so lange anzulegen, daß wir den Hafen von Orotava besuchen und den Gipfel des Pik besteigen könnten.

Die Einschiffung verzögerte sich nur zehn Tage, dennoch kam uns der Aufenthalt gewaltig lang vor. Wir benutzten die Zeit, die Pflanzen einzulegen, die wir in den schönen, noch von keinem Naturforscher betretenen Tälern Galiciens gesammelt; wir untersuchten die Tange und Weichtiere, welche die Flut von Nordwest her in Menge an den Fuß des steilen Felsens wirft, auf dem der Wachtturm des Herkules steht. Dieser Turm, auch »der eiserne Turm« genannt, wurde im Jahre 1788 restauriert. Er ist 30 m hoch, seine Mauern sind 1,46 m dick, und nach seiner Bauart ist er unzweifelhaft ein Werk der Römer. [...]

Eine Aufregung des Meeres von Nordwest her unterbrach unsere Versuche über die Meerestemperatur in der Bai von Ferrol. Die Wellen gingen so hoch, weil auf offener See ein heftiger Wind geweht hatte, in dessen Folge die englischen Schiffe sich hatten von der Küste entfernen müssen. Man wollte die Gelegenheit zum Auslaufen benutzen; man schiffte alsbald unsere Instrumente, unsere Bücher, unser ganzes Gepäck ein; aber der Westwind wurde immer stärker, und man konnte die Anker nicht lichten. Wir benutzten den Aufschub, um an unsere Freunde in Deutschland und Frankreich zu schreiben. Der Augenblick, wo man zum ersten Mal von Europa scheidet, hat etwas Ergreifendes. Wenn man sich noch so bestimmt vergegenwärtigt, wie stark der Verkehr zwischen beiden Welten ist, wie leicht man bei den großen Fortschritten der Schiffahrt über den Atlantischen Ozean gelangt, der, der Südsee gegenüber, ein nicht sehr breiter Meeresarm ist, das Gefühl, mit dem man zum erstenmal eine weite Seereise antritt, hat immer etwas tief Aufregendes. Es gleicht keiner der Empfindungen, die uns von früher Jugend auf bewegt haben. Getrennt von den Wesen, an denen unser Herz hängt, im Begriff, gleichsam den Schritt in ein neues Leben zu tun, ziehen wir uns unwillkürlich in uns selbst zusammen, und über uns kommt ein Gefühl des Alleinseins, wie wir es nie empfunden. [...]

Getrennt von unseren Instrumenten, die sich an Bord der Korvette befanden, brachten wir noch zwei Tage in Coruña zu.

Alexander von Humboldt, 1806.
Gemälde von Friedrich Georg Weitsch (1758–1828)

Hieroglyphische Malerei
(In: Alexander von Humboldt, Vues des Cordillères et monumens des peuples indigènes de l'Amérique, Paris 1810/13, Tafel 48)

Naturepochen nach der aztekischen Mythologie
(Ebenda, Tafel 26)

Chimborazo
(Ebenda, Tafel 25)

Seilbrücke von Penipe
(Ebenda, Tafel 33)

»Koffer« von Perote
(Ebenda, Tafel 34)

Luftvulkane von Turbaco
(Ebenda, Tafel 41)

Floß von Guayaquil
(Ebenda, Tafel 63)

Ein dichter Nebel, der den Horizont bedeckte, verkündete endlich die sehnlich erwartete Änderung des Wetters. Am 4. Juni [1799] abends drehte sich der Wind nach Nordost, welche Windrichtung an der Küste von Galicien in der schönen Jahreszeit für sehr beständig gilt. Am fünften ging der Pizarro wirklich unter Segel, obgleich wenige Stunden zuvor die Nachricht angelangt war, eine englische Eskader[20] sei vom Wachtposten Sisarga signalisiert worden und scheine nach der Mündung des Tajo zu segeln. Die Leute, welche unsere Korvette die Anker lichten sahen, äußerten laut, ehe drei Tage vergehen, seien wir aufgebracht und mit dem Schiffe, dessen Los wir teilen müßten, auf dem Wege nach Lissabon. Diese Prophezeiung beunruhigte uns um so mehr, als wir in Madrid Mexikaner kennengelernt hatten, die sich dreimal in Cadiz nach Veracruz eingeschifft hatten, jedesmal aber fast unmittelbar vor dem Hafen aufgebracht worden und über Portugal nach Spanien zurückgekehrt waren.

Um zwei Uhr nachmittags war der Pizarro unter Segel. Der Kanal, durch den man aus dem Hafen von Coruña fährt, ist lang und schmal; da er sich gegen Nord öffnet und der Wind uns entgegen war, mußten wir acht kleine Schläge machen, von denen drei so gut wie verloren waren. Gewendet wurde immer äußerst langsam, und einmal, unter dem Fort St. Amarro schwebten wir in Gefahr, da uns die Strömung sehr nahe an die Klippen trieb, an denen sich das Meer mit Ungestüm bricht. Unsere Blicke hingen am Schloß St. Antonio, wo damals der unglückliche Malaspina[21] als Staatsgefangener saß. Im Augenblick, da wir Europa verließen, um Länder zu besuchen, welche dieser bedeutende Forscher mit so vielem Erfolg bereist hat, hätte ich mit meinen Gedanken gern bei einem minder traurigen Gegenstande verweilt.

Um sechs ein halb Uhr kamen wir am Turm des Herkules vorüber, von dem oben die Rede war, der Coruña als Leuchtturm dient, und auf dem man seit den ältesten Zeiten ein Steinkohlenfeuer unterhält. Der Schein dieses Feuers steht in schlechtem Verhältnis mit dem schönen, stattlichen Bauwerk; es ist so schwach, daß die Schiffe es erst gewahr werden, wenn sie bereits Gefahr laufen zu stranden. Bei Einbruch der Nacht wurde die See sehr unruhig und der Wind bedeutend frischer. Wir

20 Geschwader.

21 Alejandro Malaspina (1754–1809) hatte 1789/94 eine Weltreise in spanischem Auftrag durchgeführt und wurde von 1795–1803 in La Coruña gefangengehalten.

steuerten gegen Nordwest, um nicht den englischen Fregatten zu begegnen, die, wie man glaubte, in diesen Strichen kreuzten. Gegen neun Uhr sahen wir das Licht in einer Fischerhütte von Sisarga, das letzte, was uns von der Küste von Europa zu Gesicht kam. Mit der zunehmenden Entfernung verschmolz der schwache Schimmer mit dem Licht der Sterne, die am Horizont aufgingen, und unwillkürlich blieben unsere Blicke daran hängen. Dergleichen Eindrücke vergißt einer nie, der in einem Alter, wo die Empfindung noch ihre volle Tiefe und Kraft besitzt, eine weite Seereise angetreten hat. Welche Erinnerungen werden in der Einbildungskraft wach, wenn so ein leuchtender Punkt in finsterer Nacht, der von Zeit zu Zeit aus den bewegten Wellen aufblitzt, die Küste des Heimatlandes bezeichnet!

Wir mußten die oberen Segel einziehen. Wir segelten zehn Knoten in der Stunde, obgleich die Korvette nicht zum Schnellsegeln gebaut war. Um sechs Uhr morgens wurde das Schlingern so heftig, daß die kleine Bramstenge brach. Der Unfall hatte indessen keine schlimmen Folgen. Wir brauchten zur Überfahrt von Coruña nach den Kanarien dreizehn Tage, und dies war lang genug, um uns in so stark befahrenen Strichen wie die Küsten von Portugal der Gefahr auszusetzen, auf englische Schiffe zu stoßen. Die ersten drei Tage zeigte sich kein Segel am Horizont, und dies beruhigte nachgerade unsere Mannschaft, die sich auf kein Gefecht einlassen konnte. [...]

Am achten bei Sonnenuntergang wurde von den Masten ein englisches Konvoi signalisiert, das gegen Südost an der Küste hinsteuerte. Ihm zu entgehen, wichen wir die Nacht hindurch aus unserem Kurs. Damit durften wir in der großen Kajüte kein Licht mehr haben, um nicht von weitem bemerkt zu werden. Diese Vorsicht, die an Bord aller Kauffahrer beobachtet wird und in dem Reglement für die Paketboote der königlichen Marine vorgeschrieben ist, brachte uns tödliche Langeweile auf den vielen Überfahrten, die wir in fünf Jahren zu machen hatten. Wir mußten uns fortwährend der Blendlaternen bedienen, um die Temperatur des Meerwassers zu beobachten oder an der Teilung der astronomischen Instrumente die Zahlen abzulesen. In der heißen Zone, wo die Dämmerung nur einige Minuten dauert, ist man unter diesen Umständen schon um sechs Uhr abends außer Tätigkeit gesetzt. Dies war für mich um so verdrießlicher, als ich vermöge meiner Konstitution nie seekrank wurde und, so oft ich an Bord eines Schiffes war, immer großen Trieb zur Arbeit fühlte.

AUS MEINEM LEBEN (1769–1850)

Vorbemerkung:

Als Alexander von Humboldt 1852 von dem Leipziger Verlagsbuchhändler Heinrich Brockhaus (1804–1874) gebeten wurde, den ihn betreffenden Artikel im Brockhausschen Konversationslexikon durchzusehen, hielt er es für angebracht, selbst zur Feder zu greifen und einen Lebenslauf zu verfassen. Brockhaus benutzte die ihm überlassene Handschrift nicht nur für das Lexikon, sondern druckte sie auch separat in dem in seinem Verlag erscheinenden zeitgeschichtlichen Jahrbuch »Die Gegenwart« ab, und zwar in Band 8, Leipzig 1853, S. 750–758, wobei er die von Humboldt herrührenden Passagen durch An- und Ausführungsstriche kenntlich machte. Wir geben nach dieser Quelle hier die redaktionelle Einleitung (S. 749) und die Humboldtschen Ausführungen wieder. Dabei werden die von Humboldt stammenden, in der dritten Person gemachten Aussagen in die Ich-Form transponiert und die Rechtschreibung den heutigen Regeln angepaßt.

Die den Artikel beschließende redaktionelle Einschätzung der Leistungen Humboldts aus der Sicht von 1853 (S. 758–762) lassen wir weg.

Einige kleine Versehen Humboldts werden unmittelbar berichtigt, worauf in den Anmerkungen jeweils hingewiesen wird. Die Richtigstellung anderer Irrtümer des damals dreiundachtzigjährigen Autors, für notwendig gehaltene Ergänzungen und die erforderlichen Erläuterungen werden in den Anmerkungen gegeben. Absätze werden dort zusätzlich eingeführt, wo inhaltlich ein neuer Abschnitt beginnt.

[Von der Redaktion des Jahrbuchs »Die Gegenwart«, 1853:] Friedrich Heinrich Alexander[1] Freiherr[2] von Humboldt wurde in Berlin am 14. September 1769 geboren, studierte in Frankfurt a. O.[3] und Göttingen,[4] besuchte eine Zeitlang die Handelsakademie von Büsch und Ebeling in Hamburg[5] und verlebte hierauf, 1790–91,[6] ein Jahr[7] auf der Bergakademie in Freiberg. Die ihm von der preußischen Regierung 1792[8] gegebene Anstellung als Assessor im Bergwerksdepartement, welche später[9] mit dem Amte eines Oberbergmeisters in Bayreuth[10] vertauscht wurde, gab er 1795[11] wieder auf, um einen Lebensweg einzuschlagen, auf welchem es ihm gelungen ist, das Außerordentlichste für die Wissenschaften zu leisten und sich einen unvergänglichen Namen zu bereiten. Von Jugend auf zur Naturforschung durch inneren Genius getrieben, angeregt durch erfolgreiche kleinere Reisen, zumal aber durch den Umgang mit J. G. Forster,[12] den er 1790[13] auf einem Ausfluge nach dem Niederrhein, England und Holland[14] begleitet hatte, begann er, nach einem Lande umzublicken, dessen natürlicher und wenig gekannter Reichtum dem fleißigen Forscher die Aussicht auf zahlreiche und wertvolle Entdeckungen eröffnen könnte. War auch die Wahl desselben

1 Vollständig: Friedrich Wilhelm Heinrich Alexander. Humboldt hat in seinen Veröffentlichungen bis 1799 die Vornamen Friedrich Alexander benutzt, im gleichen Jahr 1799 dann aber begonnen, nur noch den Namen Alexander zu führen.

2 Siehe S. 62, Anmerkung 128.

3 1. 10. 1787–20. 3. 1788. – In den Datierungen folgen wir der Zusammenstellung: Alexander von Humboldt. Chronologische Übersicht über wichtige Daten seines Lebens, bearb. v. Kurt-R. Biermann, Ilse Jahn und Fritz G. Lange, 2. Auflage, Berlin 1983.

4 25. 4. 1789 bis Anfang März 1790.

5 An der Hamburger Handelsakademie von Christoph Daniel Ebeling (1741–1817) und Johann Georg Büsch (siehe S. 53, Anmerkung 43) studierte Humboldt von Mitte August 1790 bis Ende April 1791.

6 Richtig: 14. 6. 1791–26. 2. 1792.

7 Richtig: 8 1/2 Monate.

8 Am 25. 2. 1792.

9 Am 6. 9. 1792.

10 Das heißt: in den damals zu Preußen gehörenden fränkischen Fürstentümern.

11 Richtig: Humboldt wurde am 1. 5. 1795 zwar von den Pflichten eines Oberbergmeisters entbunden, gleichzeitig jedoch zum Oberbergrat in den fränkischen Fürstentümern ernannt. Erst mit Ablauf des Jahres 1796 schied er aus dem preußischen Bergdienst aus.

12 Humboldt hatte Georg Forster (siehe S. 25, Anmerkung 6) bereits im Herbst 1789 in Mainz bei einem Besuch kennengelernt.

13 25. 3.–11. 7. 1790.

14 Zu ergänzen sind: Belgien und Frankreich.

nicht sogleich fest entschieden, so wurden doch seit 1795 die wissenschaftlichen Vorstudien mit großem Eifer begonnen und mehrere Reisen[15] zu diesem Zwecke unternommen.

[Von Al. von Humboldt:] Folgendes sind chronologisch geordnet die Ereignisse meiner früheren Jugend.

Ich verlor meinen Vater,[16] der im Siebenjährigen Kriege,[17] als Major, Adjutant des Herzogs Ferdinand von Braunschweig[18] und nachher königlicher Kammerherr[19] war, als ich noch nicht das zehnte Jahr erreicht hatte. Ich genoß, gemeinschaftlich mit meinem älteren Bruder Wilhelm, im Hause der Mutter,[20] unter der Leitung eines talentvollen Mannes (des nachmaligen Geheimen Oberregierungsrats Kunth)[21] eine überaus sorgfältige wissenschaftliche Erziehung. Privatkollegia wurden uns beiden Brüdern von Fischer[22] in Mathematik, von Engel[23] in Philosophie, von Dohm[24] in politischen Wissenschaften gelesen.

Herbst und Winter 1787–88 brachte ich auf der Universität

15 Wenn man von Studienreisen des Studenten, der erwähnten Englandreise mit Forster und verschiedenen dienstlichen Inspektionsreisen und solchen mit diplomatischen Aufträgen absieht, führte die erste, wissenschaftlichen Zwecken dienende Reise Humboldt nach Oberitalien, in die Schweizer und französischen Alpen vom 17.7. bis zum 20.11.1795.

16 Alexander Georg von Humboldt, geboren 22.9.1720, starb am 6.1.1779.

17 Krieg Preußens gegen eine österreichisch-französisch-russisch-schwedische Allianz 1756/63.

18 Ferdinand von Braunschweig (1721–1792), preußischer Generalfeldmarschall. Er war einer der Paten Alexander von Humboldts.

19 Humboldts Vater war Kammerherr der Prinzessin Friederike Luise von Preußen, geb. von Hessen-Darmstadt (1751–1805), der Frau des preußischen Thronfolgers, des späteren Friedrich Wilhelm II. von Preußen (1744–1797).

20 Marie Elisabeth von Humboldt, geb. Colomb, verw. von Hol(l)wede (1741–1796). Die in der Literatur häufig anzutreffende Angabe, Marie Elisabeth von Humboldt sei adliger Herkunft, ist falsch

21 Gottlob Johann Christian Kunth (1757–1829) wurde 1777 Erzieher der Gebrüder Humboldt, also noch zu Lebzeiten ihres Vaters. Er wurde später der leitende preußische Beamte für Handel und Gewerbe.

22 Ernst Gottfried Fischer (1754–1831), Lehrer am Gymnasium zum Grauen Kloster in Berlin und Mitglied der Akademie der Wissenschaften. Er wurde von Goethe als Gegner seiner Farbenlehre verspottet.

23 Johann Jakob Engel (1741–1802), Lehrer am Joachimsthalschen Gymnasium in Berlin und Mitglied der Akademie der Wissenschaften.

24 Christian Conrad Wilhelm von Dohm (1751–1820), Geheimer Kriegsrat im Departement auf Auswärtige Angelegenheiten in Berlin. Da noch weitere Gelehrte an der Unterweisung der Brüder beteiligt waren, die Humboldt hier aber nicht nennt, können wir annehmen, daß er den Unterricht durch Fischer, Engel und Dohm für den gehaltvollsten gehalten hat.

Frankfurt a. O.,[25] den folgenden Sommer und Winter wieder in Berlin zu, um Technologie, auf das Fabrikwesen angewandt, zu studieren und, nun erst meinem fleißigeren Bruder nachstrebend, mich ernsthafter mit der griechischen Sprache zu beschäftigen.[26] In dieser Zeit schloß ich mich mit warmer Freundschaft an den jungen, aber schon berühmten Botaniker Willdenow[27] an, und zeigte besondere Vorliebe für das Studium der Kryptogamen[28] und der zahlreichen Familie der Gräser. Im Frühjahr 1789 bezog ich die Universität Göttingen,[29] deren reiche Schätze ich ein Jahr lang benutzte. Ich frequentierte gemeinschaftlich mit meinem Bruder (der bald mit Campe,[30] wenige Wochen nach dem Sturm der Bastille, die Reise nach Paris machte)[31] die philologischen Kollegia des Heyne'schen Seminars.[32] Mein erster Versuch einer literarischen Arbeit[33] war eine kleine Schrift über die Webereien der Griechen, die nie erschienen ist, aber (wie man aus der Korrespondenz von W. von Humboldt erfährt) 1794 an F.A.Wolf zur Durchsicht geschickt wurde.[34] Die Liebe zu naturhistorischen Studien wurde in Göttingen mannigfach ge-

25 Siehe Anmerkung 3.

26 Die Unterrichtung von Ende März 1788 bis Anfang April 1789 erfolgte wiederum durch Privatlehrer, da Berlin noch keine Universität besaß. Wilhelm von Humboldt hatte unterdessen nach Beendigung des Studiums in Frankfurt/Oder bereits die Universität in Göttingen bezogen.

27 Carl Ludwig Willdenow; siehe S. 33, Anmerkung 15.

28 Eine veraltete Bezeichnung von »verborgen zeugenden« Pflanzen, die damals das besondere Interesse der Botaniker in Anspruch nahmen.

29 Siehe Anmerkung 4.

30 Joachim Heinrich Campe; siehe S. 40, Anmerkung 65. Obwohl Campes und Wilhelm von Humboldts »Gesichtspunkte immer himmelweit auseinander« lagen, war W. von Humboldt mit dem Begleiter auf der Parisreise zufrieden. (Siehe Wilhelm von Humboldt. Sein Leben und Wirken, hrsg. v. Rudolf Freese, Berlin 1955, S. 78–79.)

31 Der Aufenthalt in Paris dauerte vom 3. bis zum 27.8.1789. Die Reisenden waren also wenige Wochen nach dem Sturm auf die Bastille in der französischen Hauptstadt eingetroffen. Wilhelm von Humboldt fand die Prophezeiung erfüllt: »Die Bastille liegt in Trümmern, und an ihre Stelle tritt ein Denkmal der endlich siegenden Freiheit.« (Freese, a. a. O., S. 85.)

32 Christian Gottlob Heyne (1729–1812), bedeutender klassischer Philologe, Schwiegervater Georg Forsters.

33 Bei der Niederschrift dieser Erinnerungen war es wohl Humboldt nicht mehr gegenwärtig, daß er zuvor schon mit einer Veröffentlichung hervorgetreten war: Lettre à l'auteur de cette feuille [C. E. Le Bauld de Nans]; in: Gazette littéraire de Berlin, 1789, Feuille 1270 v. 5. Jan., S. 4–8; Feuille 1271 v. 12. Jan., S. 11–13. Es handelte sich um die Übersetzung der Doktor-Dissertation des schwedischen Botanikers Carl Petter Thunberg (1743–1828) »Arbor toxicaria macassariensis«, Uppsala 1788.

nährt durch den Unterricht von Blumenbach,[35] Beckmann,[36] Lichtenberg[37] und Link,[38] durch Reisen an den Harz[39] und an die Rheinufer.[40] Eine Frucht der letzten Exkursion war mein erstes gedrucktes Buch: »Über die Basalte am Rhein (vorzüglich den Unkeler Steinbruch), nebst Untersuchungen über Syenit und Basanit der Alten.«[41]

Im Frühjahr und Sommer 1790[42] begleitete ich von Mainz aus Georg Forster, der mit seinem Vater[43] dem Kapitän Cook bei seiner zweiten Weltumsegelung gefolgt war,[44] auf einer schnellen aber überaus lehrreichen Reise durch Belgien, Holland, England und Frankreich. Diese Begleitung, das Wohlwollen von Sir J. Banks,[45] eine große, plötzlich erwachende Leidenschaft für das Seewesen und den Besuch ferner tropischer Länder äußerten den belebendsten Einfluß auf Entschlüsse, die nach dem Tode der Mutter[46] einst zur Ausführung kommen sollten.

Im Monat Juli 1790[47] aus England nach Deutschland zurück-

34 Man braucht nicht auf den Briefwechsel Wilhelm von Humboldts zurückzugreifen, um diese Angabe Alexanders bestätigt zu finden; siehe seinen Brief an den berühmten Altphilologen Friedrich August Wolf (1759–1824) vom 8.3.1794. (Die Jugendbriefe Alexander von Humboldts 1787–1799, hrsg. v. Ilse Jahn und Fritz G. Lange, Berlin 1973, S. 325.) Die Arbeit Humboldts über den Webstuhl bei den Griechen und Römern war in Wolfs Nachlaß nicht aufzufinden und blieb verschollen.

35 Johann Friedrich Blumenbach; siehe S. 52, Anmerkung 19.

36 Johann Beckmann; siehe S. 33, Anmerkung 14.

37 Georg Christoph Lichtenberg (1742–1799), Physiker und geistreicher Aphoristiker.

38 Heinrich Friedrich Link; siehe S. 35, Anmerkung 25.

39 Während seiner Göttinger Studienzeit unternahm Humboldt einige kleinere Reisen nach Hessen, durch Niedersachsen, in den Harz und zum Eichsfeld.

40 Gemeint ist die »naturhistorische« Studienreise mit dem niederländischen Kommilitonen Steven Jan van Geuns (1767–1795), später Arzt und Botaniker, vom 24. 9. bis Anfang November 1789 über Heidelberg, Speyer, Pfalz-Zweibrücken, Mainz, Köln und Münster.

41 Der tatsächliche Titel lautet: Mineralogische Beobachtungen über einige Basalte am Rhein. Mit vorangeschickten, zerstreuten Bemerkungen über den Basalt der ältern und neuern Schriftsteller. Die Vorrede ist unterzeichnet mit H-t. Braunschweig 1790.

42 Siehe Anmerkung 13.

43 Reinhold Forster; siehe S. 37, Anmerkung 47.

44 »Gefolgt war« hier im Sinne von: begleitet hatte.

45 Sir Joseph Banks (siehe S. 32, Anmerkung 4) gestattete Humboldt während dessen Londoner Aufenthalts den Zutritt zu seiner reichhaltigen Bibliothek.

46 Siehe Anmerkung 20.

47 Humboldt und Georg Forster trafen am 11.7.1790 wieder in Mainz ein, von wo sie am 25. März aufgebrochen waren.

gekehrt und damals noch zu einer praktischen Laufbahn im Finanz- und Kameralfache[48] bestimmt, begab ich mich nach Hamburg auf die Handelsakademie von Büsch und Ebeling,[49] um ein Kollegium über den Geldumlauf zu hören, das Buchhalten zu erlernen und von den Kontorgeschäften genaue Kenntnis zu nehmen. Der Zusammenfluß so vieler jungen Leute aus den verschiedensten Teilen von Europa gab auf diesem Institute die günstigste Gelegenheit zur Übung in lebenden Sprachen; auch machte der Kontakt mit Klopstock,[50] Voß,[51] Claudius[52] und den beiden Stolberg[53] (im nahen Holstein) den Hamburger Aufenthalt sehr angenehm und lehrreich.

Nach einem fünfmonatigen Aufenthalte[54] in Berlin und Tegel[55] im mütterlichen Hause, erlangte ich endlich die Erlaubnis, meine nächste Lebensbestimmung zu verändern und, nach meinem sehnlichsten Wunsche, außerhalb der Städte in der freien Natur zu leben, zum praktischen Bergbau überzugehen. Ich hatte indessen meine botanischen Exkursionen mit Willdenow fortgesetzt, fleißig gearbeitet an Usteri's[56] »Journal der Pflanzenkunde«,[57] und bei Keimversuchen die reizende, alle Keimkraft so auffallend beschleunigende Eigenschaft des Chlors aufgefunden.

48 Kameralistik war die Finanz-, Wirtschafts- und Verwaltungskunde des Feudalabsolutismus.

49 Siehe Anmerkung 5 sowie S. 53, Anmerkung 43.

50 Friedrich Gottlieb Klopstock (1724–1803), Dichter der Aufklärung.

51 Johann Heinrich Voß (1751–1826), Dichter und Übersetzer antiker Autoren.

52 Matthias Claudius (1740–1815), Dichter und Volksschriftsteller.

53 Christian Graf zu Stolberg (1748–1821) und sein Bruder Friedrich Leopold Graf zu Stolberg (1750–1819), beide Dichter und Schriftsteller. Den Letztgenannten dürfte indessen Humboldt erst Ende Oktober oder Anfang November 1792 in Wien kennengelernt haben.

54 Ein Erinnerungs- oder Schreibfehler; zwischen dem Studium auf der Handelsakademie und dem auf der Bergakademie lagen fünf Wochen, nicht fünf Monate.

55 Tegel mit dem Humboldt-Schloß im Norden Berlins gehörte damals noch nicht zur Stadt.

56 Paulus Usteri; siehe S. 62, Anmerkung 134. Seine Korrespondenz mit Humboldt behandelt Fritz G. Lange, Alexander von Humboldt und Paulus Usteri, Unbekannte Jugendbriefe Humboldts. In: Beiheft 1964 zur Schriftenreihe Geschichte der Naturwissenschaft, Technik und Medizin, S. 217–225.

57 Gemeint sind die von Paulus Usteri herausgegebenen »Annalen der Botanick« (so!), die von 1791 bis 1800 erschienen (24 Stücke). Zuvor hatte Humboldt schon an der von Usteri und Johann Jacob Römer (siehe S. 62, Anmerkung 134) herausgegebenen ersten botanischen Fachzeitschrift in deutscher Sprache »Botanisches Magazin« (auch: Magazin für die Botanik) mitgearbeitet.

Im Juni 1791[58] bezog ich die Bergakademie zu Freiberg, genoß den Privatunterricht von Werner,[59] die Freundschaft von Freiesleben,[60] Leopold von Buch[61] und Andreas Del Rio, den ich 12 Jahre später in Mexiko angesiedelt sah.[62] Die Frucht eines achtmonatigen Aufenthalts im Erzgebirge waren die Beschreibung der unterirdischen kryptogamischen Pflanzen[63] und die Versuche über die grüne Farbe der aller Lichteinwirkung entzogenen phanerogamischen Gewächse,[64] wenn sie von irrespirabeln Gasarten[65] umgeben sind. (Die »Flora subterranea Fribergensis et aphorismi ex physiologia chemica plantarum« erschien indessen erst 1793.)[66] Mit Freiesleben gab ich die erste geognostische Beschreibung des böhmischen Mittelgebirges heraus.[67]

Durch das ausgezeichnete Wohlwollen des Ministers Fr. von Heinitz[68] schon im Februar 1792[69] zum Assessor im Bergdepartement ernannt, begleitete ich diesen Staatsmann im Juli 1792[70] in das Markgraftum Bayreuth und wurde zur Untersuchung des dortigen Berg- und Hüttenwesens berufen. Nach meinem Wunsche, nur der Vorrichtung des unterirdischen Grubenbaus fortan anzugehören, zum Oberbergmeister am Fichtelgebirge in den

58 Am 14. Juni nahm Humboldt sein Studium an der Freiberger Bergakademie auf.

59 Abraham Gottlob Werner; siehe S. 53, Anmerkung 45.

60 Humboldts Kommilitone und Freund Carl Freiesleben (1774–1846) wurde später Leiter des gesamten Sächsischen Bergbaus.

61 Leopold von Buch; siehe S. 65, Anmerkung 4.

62 Der Spanier Andrés Manuel del Río (1765–1849) wurde Professor der Mineralogie in Mexiko, wo ihn Humboldt 1803 wiedertraf.

63 Siehe Anmerkung 28.

64 Eine veraltete Bezeichnung von »sichtbar zeugenden« Pflanzen.

65 Zum Einatmen ungeeignet.

66 Der genaue Titel dieser Publikation Humboldts lautet: Florae Fribergensis specimen, plantas cryptogamicas praesertim subterraneas exhibens. Accedunt Aphorismi ex doctrina physiologiae chemicae plantarum. Cum tabulis aeneis, Berolini 1793.

67 Humboldt hatte mit Freiesleben im August 1791 eine Reise durch das Böhmische Mittelgebirge unternommen: Geognostische Beobachtungen, auf einer Reise durch einen Theil des böhmischen Mittelgebirges. In: Bergmännisches Journal. 5 (1792) Bd. 1, St. 3, S. 215–255; St. 4, S. 289–303.

68 Friedrich Anton Frh. von Heinitz; siehe S. 25, Anmerkung 4.

69 Die Ernennung erfolgte unter dem 29. Februar.

70 Humboldt reiste Heinitz voraus, inspizierte im Juli 1792 den Bergbau und das Hüttenwesen in den damals zu Preußen gehörenden Fürstentümern Bayreuth und Ansbach und erstattete dann dem Ende August in Bayreuth eingetroffenen Minister von Heinitz ausführlichen Bericht. Der schriftliche Bericht Humboldts wurde erstmals 1959 durch Herbert Kühnert der Öffentlichkeit zugänglich gemacht (Freiberger Forschungshefte D 23).

fränkischen Fürstentümern ernannt,[71] nahm ich meinen Hauptwohnsitz in dem kleine Bergorte Steben bei Naila. Ich behielt die Direktion des praktischen Bergbaus fast fünf Jahre lang, von 1792–97,[72] aber mit vielen und zwar sehr heterogenen Unterbrechungen. In Aufträgen des Berliner Bergdepartements, von dem das fränkische gänzlich getrennt war, wurde ich im Herbste 1792[73] zur Untersuchung der Steinsalzgruben und Siedvorrichtungen nach Oberbayern, Salzburg, dem österreichischen Salzkammergute und (über Tarnowitz)[74] nach Galizien, im Sommer 1794[75] aber, wieder zu halurgischen Zwecken, nach Kolberg,[76] dem Netzedistrikt,[77] den Weichselufern[78] südlich von Thorn[79] und nach Südpreußen[80] geschickt.

Politische Begebenheiten, die eine Folge der großen Kriegsereignisse[81] waren, zogen mich nach der Rückkunft aus Posen,[82] mir selbst sehr unerwartet, nach den Rheinufern.[83] Ein im April 1794 mit England und Holland abgeschlossener Subsidientraktat[84] vermochte[85] Preußen zur Fortsetzung des Krieges gegen die Französische Republik. Der dirigierende Minister in den fränkischen Fürstentümern, Baron von Hardenberg,[86] wurde nach Frankfurt gesandt, um dort (für die Zeit der Dauer des Subsidientraktats) mit dem englischen und holländischen Gesandten, Lord Malmesbury[87] und Admiral Kynkel, zu unterhandeln. Ich

71 Die Ernennung erfolgte am 6.9.1792 auf Wunsch von Karl August Graf (später Fürst) von Hardenberg (siehe S. 27, Anmerkung 21).

72 Humboldt schied mit Ende Dezember 1796 auf eigenen Wunsch aus dem Dienst. Er war also nur 4 1/4 Jahre Leiter des fränkischen Bergbaus.

73 Humboldt schrieb irrtümlich 1793; diese bergmännisch-halurgische Besichtigungsreise wurde aber vom 23.9. bis zum 23.12.1792 durchgeführt.

74 Heute: Tarnowskie Góry.

75 Diese zweite bergmännisch-halurgische Besichtigungsreise dauerte von Anfang Mai bis Anfang Juni 1794.

76 Heute: Kołobrzeg.

77 Heute: Noteć.

78 Heute: Wisła.

79 Heute: Toruń.

80 Bei der zweiten bzw. dritten Teilung Polens preußisch gewordene Gebiete.

81 Der Erste Koalitionskrieg (Österreich und Preußen gegen das revolutionäre Frankreich) 1792/97.

82 Heute: Poznań.

83 Diese Reise führte Humboldt 1794 in diplomatischen Aufträgen bis nach Brabant. Mitte Juli aus Franken aufgebrochen, kehrte er erst Ende Oktober wieder dorthin zurück.

84 Vertrag über die Zahlung von Hilfsgeldern an Preußen.

85 Im Sinne von: setzte in die Lage, ermöglichte.

86 Siehe S. 27, Anmerkung 21.

erhielt von dem preußischen Staatsmanne, dessen Vertrauen und freundschaftlichen Umgang ich lange genossen, die Aufforderung, ihn nach der Armee[88] zu begleiten, um seine Tätigkeit zu Missionen nach dem Hauptquartier des Feldmarschalls von Möllendorf[89] und zur Kabinettskorrespondenz[90] zu benutzen. Der Aufenthalt in Frankfurt und bei der Armee zwischen Monzernheim, Mainz und Wesel, ja bis zum holländischen Lager[91] dauerte vier Monate,[92] und erst im Oktober 1794 war ich zurück im Bayreuther Gebirge. Ich setzte eifrigst fort meine chemische Arbeit über die Natur der Grubenwetter[93] wie meine oft gefahrvollen Versuche über eine von mir konstruierte, nicht verlöschende Lampe und die Respirationsmaschine[94] nach dem Prinzip von Beddoes[95] in Räumen, die ich künstlich mit irrespirablen Gasarten gefüllt hatte.

In den Sommer und Herbst 1795[96] fällt eine geognostische Reise durch Tirol nach Venedig, durch die Euganeen,[97] die ganze Lombardei und die Schweiz in angenehmer Begleitung von Freunden, erst mit Reinhard von Haeften[98] und später mit Carl Freiesleben.[99] Ich sammelte schon seit 1792, wo ich bei meinem ersten Aufenthalte in Wien[100] Nachricht von Galvani's[101] be-

87 Lord James Harris Malmesbury (1746–1820).

88 Die preußische Armee.

89 Wichard Joachim Heinrich Graf von Möllendorf (1724–1816), preußischer Feldmarschall und 1794 Oberbefehlshaber der preußischen Truppen am Rhein.

90 Diplomatischer Briefwechsel.

91 Bei s'Hertogenbosch.

92 Reichlich drei Monate; siehe Anmerkung 83.

93 Über Grubenwetter und die Verbreitung des Kohlenstoffs in geognostischer Hinsicht. In: Chemische Annalen. 12 (1795) Bd. 2, St. 8, S. 99–119.

94 Über die einfache Vorrichtung, durch welche sich Menschen stundenlang in irrespirablen Gasarten, ohne Nachtheil der Gesundheit und mit brennenden Lichtern aufhalten können; oder vorläufige Anzeige einer Rettungsflasche und eines Lichterhalters. In: Chemische Annalen. 13 (1796) Bd. 2, St. 8–9, S. 99–110, 195–210; Berichtigungen St. 10, Umschlagseite 4. – Von der Aufführung weiterer Titel Humboldtscher Publikationen zu dieser Thematik sehen wir ab.

95 Der britische Arzt und Chemiker Thomas Beddoes (1754–1808).

96 17.7.–20.11.1795; siehe Anmerkung 15.

97 Colli Euganei.

98 Den preußischen Offizier Reinhard von Haeften (1772–1803) hatte Humboldt in Franken kennengelernt und mit ihm Freundschaft geschlossen. Auf der erwähnten Reise war Haeften Humboldts Begleiter bis September 1795.

99 Freiesleben (siehe Anmerkung 60) war Humboldts Reisebegleiter von Mitte September 1795 an. Auch Hardenberg war auf einigen Reiseetappen beteiligt.

100 27.10.–9.11.1792; siehe Anmerkung 73.

101 Luigi Galvani (1737–1798), italienischer Mediziner und Naturforscher.

wundernswürdiger Entdeckung[102] erhalten, Materialien zu meinem großen Werke »Über die gereizte Muskel- und Nervenfaser, nebst Vermuthungen über den chemischen Proceß des Lebens in der Thier- und Pflanzenwelt«, das erst 1797 in zwei Bänden[103] erscheinen konnte, von mir selbst herausgegeben, keineswegs von Blumenbach,[104] der das Manuskript nie gesehen.[105]

Die italienische Reise[106] brachte mich in belehrenden Verkehr mit Volta[107] in Como und mit Scarpa[108] in Pavia.

Vom November 1795 bis Februar des folgenden Jahres blieb ich wieder auf dem Gebirge praktisch beschäftigt in Steben, Lauenstein, Goldkronach und Arzberg bei Wunsiedel.[109] Die schweren Leiden meiner kranken Mutter zogen mich nach Berlin, doch nur auf einige Monate.[110]

Der plötzliche Einfall des französischen Heeres unter Moreau[111] in das Herzogtum Württemberg und die Flucht des Landesherrn ließen den König von Preußen[112] besorgen, daß die fürstlich Hohenlohe'schen Besitzungen,[113] in denen im Anfange der Französischen Revolution (1791) der Vicomte de Mirabeau[114] eine der Emigrantenlegionen des Condé'schen Korps[115] errichtet hatte, aus Motiven der Rache Plünderung und Unbill von den weiter gegen Franken vordringenden Heeren von Moreau oder

102 Die Entdeckung der später nach ihm benannten, von galvanischen Elementen erzeugten Elektrizität.

103 Bd. 1 erschien in Posen und Berlin 1797, Bd. 2 aber erst 1798.

104 Johann Friedrich Blumenbach; siehe S. 52, Anmerkung 19.

105 Humboldt hatte Blumenbach vor dem Erscheinen seines Buchs von seinen Arbeiten Kenntnis gegeben: Über die gereizte Muskelfaser, aus einem Brief an Herrn Hofrath Blumenbach, Juni 1795. In: Neues Journal der Physik. 2 (1795) H. 2, S. 115–129.

106 Siehe Anmerkung 96. Auf italienischem Gebiet hielt sich Humboldt von Ende Juli bis Ende August 1795 auf.

107 Alessandro Volta (1745–1827), italienischer Physiker und Erforscher von Elektrizitätsphänomenen.

108 Der italienische Anatom und Chirurg Antonio Scarpa (1752–1832).

109 Orte in Humboldts fränkischem Bergrevier.

110 Humboldts Mutter war an Brustkrebs erkrankt. Humboldt reiste Mitte Februar 1796 nach Berlin und blieb dort bis Mitte April.

111 Jean Victor Moreau; siehe S. 27, Anmerkung 24.

112 Friedrich Wilhelm II. von Preußen (1744–1797), König seit 1786.

113 Der Fürst Friedrich Ludwig von Hohenlohe-Ingelfingen (1746–1818) war preußischer General.

114 André Boniface Riquetti de Mirabeau (1754–1792) bekämpfte das revolutionäre Frankreich mit einer aus aristokratischen Emigranten gebildeten Legion.

115 Louis Joseph Prince de Condé (1756–1830) bekämpfte das revolutionäre Frankreich mit Truppen, die aus aristokratischen Emigranten gebildet wurden.

Jourdan[116] erleiden würden. Man hoffte, den kommandierenden General dazu bewegen zu können, da seit dem Frieden, den der Minister von Hardenberg zu Basel den 5. April 1795 abgeschlossen hatte,[117] ein sehr freundschaftliches Verhältnis zwischen Frankreich und Preußen eingetreten war, die kleinen Hohenlohe'schen Länder wie eine preußische Enklave zu betrachten. Ich erhielt den Auftrag, mich mit dem Hauptmann von Pirch,[118] von einem einzelnen Trompeter begleitet, Ende Juli 1796 von Ingelfingen aus nach dem französischen Hauptquartier in Schwaben zu begeben. Es war kurze Zeit nach dem Treffen bei Cannstatt.[119] Man sah auf dem Wege noch den General St.-Cyr[120] in einem durch Seile gehaltenen, mehrere Monate lang gefüllt bleibenden Conté'schen Luftballon (Ballon captif)[121] den Feind rekognoscieren. Bei der Milde des Charakters, die den General Moreau auszeichnete, wurde es nicht schwer, in wenigen Tagen zu erlangen, was man erwünschte. Es sollten die Hohenlohe'schen Besitzungen mit preußischen Adlern umgeben werden. In dem französischen Hauptquartier hatte ich die Freude, den General Desaix[122] zu finden, der schon damals, 14 Monate vor dem Frieden von Campo-Formio,[123] mit Bonaparte's ägyptischen Plänen bekannt war, ja mehrmals mich aufforderte, nicht die Tropenländer des Neuen Continents zu besuchen, sondern mich einer französischen Expedition nach dem Orient anzuschließen.[124] Die Rückkehr aus dem Moreau'schen Hauptquartier, begleitet von dem französischen Ingenieur, der die Adler aufpflanzen sollte, war trotz der sichernden Töne des preußi-

116 Jean Baptiste Jourdan (1762–1833), französischer Militär; 1804 Marschall.

117 Durch den von Hardenberg (siehe S. 27, Anmerkung 21) abgeschlossenen Frieden schied Preußen aus der antifranzösischen Koalition aus und trat seine linksrheinischen Gebiete an die französische Republik ab.

118 Georg Dubislaw Ludwig von Pirch (1763–1838), preußischer Militär.

119 Am 21. 7. 1796 hatten dort die Franzosen unter Moreau die Österreicher besiegt.

120 Laurent Saint-Cyr (1764–1830), französischer Militär.

121 Nicolas Jacques Conté (1755–1805), ein französischer Mechaniker und Maler, hatte den Fesselballon zur Beobachtung des Feindes in Vorschlag gebracht.

122 Louis Charles Antoine Desaix de Voygoux (1768–1800), französischer Militär.

123 Dieser Friedensschluß vom 17.10.1797 beendete den Krieg zwischen Österreich und der französischen Republik.

124 Humboldt hat mehrfach großen Wert auf die Feststellung gelegt, daß der General Desaix (siehe Anmerkung 122), der später die französische Vorhut in Ägypten führte, zu einem so frühen Zeitpunkt (Juli 1796) bereits von Napoleons Plänen einer Invasion in Ägypten (1. 7. 1798–2. 9. 1801) gewußt hat.

schen Trompeters in einem Walde bei Nacht, wo österreichische und französische Vorposten stark gemengt standen, sehr unbequem.

Die lang gefürchtete Nachricht von dem Tode der Mutter (November 1796)[125] brachte nun meinen Entschluß einer großen wissenschaftlichen Expedition der Ausführung näher. Auf den Rat des Freiherrn von Zach[126] hatte ich schon längst angefangen, mich mit praktischer Astronomie, d. h. mit Sextantenbeobachtungen zu geographischen Ortsbestimmungen, ernsthaft zu beschäftigen. Es war dabei mein reger Wunsch, ehe ich Europa auf mehrere Jahre verließ, brennende Vulkane zu sehen, den Vesuv, Stromboli und den Ätna. Mein Bruder Wilhelm wollte mich mit seiner Familie auf dieser zweiten italienischen Reise begleiten. Um mich nun mit diesem zu vereinigen, löste ich meine dienstlichen Verhältnisse gänzlich auf und beschloß, in völliger Unabhängigkeit und mit Instrumenten ausgerüstet, in deren Gebrauch ich mich lange eingeübt, allein dem Studium der Natur zu leben.[127]

Ich verließ Bayreuth im Jahre 1797 und verweilte in inniger Verbindung mit Goethe und Schiller drei Monate in Jena.[128] Da ich nur rhapsodisch unter Sömmerring,[129] dem ich mein Werk über die gereizte Muskelfaser zugeeignet,[130] menschliche Anatomie studiert hatte, so erlangte ich von Loder,[131] den ich 32 Jahre[132] später auf der sibirischen Expedition wieder in Mos-

125 Humboldts Mutter starb am 19. 11. 1796; siehe Anmerkung 110.

126 Franz Xaver Freiherr von Zach (siehe S. 55, Anmerkung 70) dürfte diese Anregung Humboldt erst 1797 brieflich gegeben haben (siehe Jugendbriefe, Berlin 1973; Anmerkung 34, S. 605).

127 Siehe Anmerkung 72.

128 Von Anfang März bis Ende Mai 1797. Über seinen Umgang mit Johann Wolfgang von Goethe und Friedrich von Schiller siehe Kurt-R. Biermann, Alexander von Humboldt, 3. Aufl., Leipzig 1983, Kapitel 3, S. 31–38.

129 Von einem eigentlichen Studium bei dem Anatomen Samuel Thomas Sömmerring (1755–1830) kann auch mit der Einschränkung »rhapsodisch« (bruchstückartig) kaum gesprochen werden angesichts der Tatsache, daß für eine Belehrung lediglich 14 Tage Mitte Juli 1790 zur Verfügung gestanden hatten, als Humboldt nach der Rückkehr aus England (siehe Anmerkung 47) in Mainz verweilte.

130 Siehe Text zu Anmerkung 103. Die Widmung lautete: »Dem großen Zergliederer S. Th. Sömmerring, Kurf[ürstlich] Mainz[ischem] Hofrathe etc. widmet dieses physiologische Werk mit dankbarer Verehrung und Freundschaft F. A. von Humboldt.«

131 Justus Christian von Loder (1753–1832), Anatom in Jena, 1803/06 in Halle, ging danach nach Rußland, wo ihn Humboldt auf seiner russisch-sibirischen Reise 1829 in Moskau wiedertraf.

132 Humboldt schrieb irrtümlich »23 Jahre«.

kau begrüßte, mir ein Privatkollegium zu lesen, das mit Anleitung zum Sezieren verbunden war.

Über Dresden, Freiberg, Prag und Wien ging ich nach Salzburg,[133] auf dem Wege die Schätze des Schönbrunner Gartens,[134] die Freundschaft des jungen brasilianischen Reisenden Joseph van der Schot[135] und des Wohlwollen des alten Jacquin[136] und Peter Frank's[137] genießend. Der kriegerische und revolutionäre Zustand von Italien entfernte jede Idee des Genusses einer wissenschaftlichen Reise; mein Bruder ging von Wien unmittelbar nach Paris, während ich mich entschloß, mit meinem Freunde Leopold von Buch,[138] den Winter einsam mit meteorologischen Beobachtungen beschäftigt, in Salzburg und Berchtesgaden[139] zuzubringen, um später, wenn der Zustand von Unteritalien es erlaubte, im nächsten Frühjahre über die Alpen zu gehen. Diesen Ideen nachhängend, erhielt ich eine Aufforderung von dem in Dalmatien und Griechenland vielgereisten Lord Bristol,[140] ihn auf einer Exkursion nach Oberägypten auf acht Monate zu begleiten; er habe eigene Boote zu diesem Unternehmen ausrüsten lassen, und mehrere Zeichner sollten ihn, den sehr unterrichteten Kunstliebhaber, begleiten. Ich nahm das Anerbieten unter der Bedingung an, daß, nach Alexandrien zurückgekehrt, ich mich von Lord Bristol trennen könne, um allein Syrien und Palästina zu besuchen. Zum Ankauf der mir noch fehlenden Instrumente entschloß ich mich, vorher auf wenige Wochen über Straßburg nach Paris zu gehen, wo ich Briefe von Lord Bristol

133 Humboldt verließ Dresden endgültig am 25. Juli und traf in Wien Anfang August 1797 ein, das er am 21. Oktober verließ. Am 26. Oktober erreichte er Salzburg.

134 Während seines Wiener Aufenthalts (Anfang August bis 21. Oktober 1797) widmete sich Humboldt nicht nur dem Verkehr mit Wiener Gelehrten, von denen nachstehend einige genannt werden, und dem Studium der botanischen Reichtümer des Gartens von Schönbrunn, sondern er unternahm auch eine kurze Exkursion nach Ungarn (Sopron), die er hier nicht erwähnt.

135 Über die Brasilienreise des Wiener Universitäts-Obergärtners Joseph van der Schot (1763–1819) ist nichts Näheres bekannt.

136 Nikolaus Joseph Edler von Jacquin; siehe S. 56, Anmerkung 73. Humboldt nennt ihn den »alten«, um ihn von seinem Sohn Joseph Franz Edler von Jacquin (1766–1839), ebenfalls Botaniker, Chemiker und Forschungsreisender in Wien, zu unterscheiden.

137 Johann Peter Frank (1745–1821), Mediziner in Wien.

138 Siehe S. 65, Anmerkung 4.

139 Humboldt nahm in Salzburg Wohnung (26.10.1797–24.4.1798), von wo aus er verschiedene Exkursionen, u.a. nach Berchtesgaden, unternahm. Mit Leopold von Buch traf er am 7.11.1797 in Ischl zusammen.

140 Frederick Augustus Hervey; siehe S. 56, Anmerkung 79.

nach der getroffenen Übereinkunft erwarten sollte. Es war der Anfang des Monats Mai 1798;[141] am 20. desselben Monats ging Bonaparte mit seiner Expedition von Toulon nach Malta und Alexandrien ab.[142] Statt die erwarteten Briefe zu erhalten, las ich zu meinem großen Erstaunen in der »Straßburger Zeitung« die Nachricht, daß Lord Bristol auf Befehl des Direktoriums[143] in Mailand verhaftet worden sei, weil man ihn beschuldige, daß der geheime Zweck seiner ägyptischen Reise sei, auf irgend eine Weise zum Vorteile Englands an den Nilufern zu wirken. So ungerecht und unwahrscheinlich auch eine solche Beschuldigung war, so hätte sie doch, wenn man in Mailand Briefe von mir aufgefunden hätte, auch meine persönliche Sicherheit gefährden können.

Als ich ungehindert in Paris ankam, wo ich mich mit der Familie meines Bruders vereinigte, fand ich die Mitglieder des Instituts,[144] die Professoren des Jardin des Plantes[145] und das ganze gebildete Publikum mit den viele Hoffnung erregenden Ausrüstungen zu einer großen Weltumsegelung beschäftigt, die das Direktorium unter Anführung des Kapitän Baudin[146] seit einigen Monaten dekretiert hatte. Die Expedition sollte Buenos Aires, das Feuerland und die ganze amerikanische Westküste von Valparaiso bis zum Isthmus von Panama berühren, viele Inseln der Südsee, Neuholland[147] und Madagaskar besuchen und um das Kap der Guten Hoffnung zurückkehren. Ich, der die erste sich darbietende Gelegenheit zu einem großen Unternehmen benutzen wollte, schloß mich sogleich dieser Expedition an. Ich erhielt von dem Direktorium, in dem zwei Mitglieder, François de Neufchâteau[148] und La Reveillière-Lepeaux,[149] sich besonders für Bereicherung der Gärten und Sammlungen interessierten, die Erlaubnis, mich mit allen meinen Instrumenten einzuschiffen,

141 Humboldt traf am 12.5.1798 in Paris ein.

142 Siehe Anmerkung 124. Das von Humboldt angegebene Datum bezieht sich auf das Verlassen des Hafens von Toulon (19. Mai) durch Napoleon Bonaparte (1769–1821), 1804 Kaiser von Frankreich.

143 Directoire: Die französische Regierung 1795/99.

144 Institut de France: Die Zusammenfassung der französischen Akademien der Wissenschaften, der Literatur und der Künste.

145 Des botanischen Gartens.

146 Thomas Nicolas Baudin; siehe S. 29, Anmerkung 43.

147 Australien.

148 François de Neufchâteau (1752–1828), französischer Politiker und Schriftsteller.

149 Louis-Marie La Reveillière Lepeaux (1755–1834), französischer Politiker.

mit dem Versprechen, die Schiffe verlassen zu dürfen und da zu bleiben, wo ich tiefer in das Land einzudringen wünschte.

Vier volle Monate vergingen in peinigender Spannung und Ungewißheit. Die politische Lage von Italien und die wohlgegründete Besorgnis eines nahen und neuen Ausbruchs des Kriegs mit Deutschland bewogen die Regierung, die für die Expedition ausgesetzten Fonds zurückzuziehen und das ganze Unternehmen bis auf eine günstigere Epoche zu vertagen. Die innige freundschaftliche Verbindung, welche so leicht und schnell sich zwischen Personen anknüpft, die mehrere Jahre lang auf demselben Schiffe leben werden, hatte mich mit einem sehr ausgezeichneten jungen Botaniker, Aimé Bonpland,[150] befreundet, der später so viele Schicksale mit mir geteilt hat und von dem alten Jussieu,[151] Richard[152] und dem aus Algier und Constantine rückkehrenden Desfontaines[153] wegen seiner Kenntnisse und Liebenswürdigkeit des Charakters geschätzt war. Indem meine süßesten Hoffnungen bitter getäuscht wurden, ging ein schwedischer Konsul, Herr Skjöldebrand,[154] durch Paris mit Geschenken seines Hofes für den Dey[155] von Algier, um sich in Marseille auf einer für ihn bestimmten Fregatte einzuschiffen. Da sein Haus[156] alle Jahre eine Barke nach Tunis schickte, um die nach Mekka wandernden Pilgrimme[157] nach Alexandrien zu führen, so beschloß ich, des Konsuls freundliche Anerbietungen dankbar anzunehmen und mich so der französischen Expedition in Ägypten[158] anzuschließen.

Ich harrte in Marseille[159] vergebens bis Ende Dezember 1798[160] auf die verheißene Ankunft der schwedischen Fregatte »Jaramas«, die von Stürmen an der portugiesischen Küste beschädigt im nahen Hafen von Cadiz überwintern mußte. Da zugleich die Nachricht sich verbreitete, daß in der Berberei[161] bei dem zwischen Türken und Franzosen ausgebrochenen Kriege

150 Aimé Bonpland; siehe S. 30, Anmerkung 46.
151 Antoine Laurent de Jussieu; siehe S. 58, Anmerkung 93.
152 Louis Claude Marie Richard (1754–1821), französischer Botaniker.
153 René Louiche Desfontaines; siehe S. 58, Anmerkung 89.
154 Matthias Archimboldus Skjöldebrand; siehe S. 58, Anmerkung 99.
155 Titel der damaligen Herrscher in Algerien.
156 Gemeint ist die Handelsfirma, die Skjöldebrand vertrat.
157 Pilger.
158 Siehe Anmerkungen 124 und 142.
159 Humboldt verließ Paris am 20.10. und traf am 27.10.1798 in Marseille ein.
160 Tatsächlich verließ Humboldt am 15.12.1798 Marseille.
161 Sammelbegriff für Marokko, Algerien, Tunesien und Libyen.

alle von Marseille aus an die Küsten der Berberei kommenden Franzosen in Ketten gelegt würden, so mußte ich es vorziehen, mit Bonpland den Winter in Spanien zuzubringen, und dann, wenn die Ereignisse es erlaubten, mich von Cartagena oder Cadiz nach Tunis und Ägypten einzuschiffen. Wir[162] gingen langsam und angenehm mit Herbarisationen, astronomischen Ortsbestimmungen und magnetischen Intensitäts- und Inklinationsbeobachtungen auf dem Wege beschäftigt über Perpignan, Barcelona, den Montserrat und Valencia nach Madrid, wo wir erst Anfang Februar 1799[163] ankamen.

Die außerordentliche Gunst, deren ich mich an dem spanischen Hofe in Aranjuez drei Monate lang durch Vermittlung des sächsischen Gesandten, Baron von Forell,[164] eines kenntnisvollen Mineralogen, und des ersten Staatssekretärs (Ministers der auswärtigen Angelegenheiten), Don Mariano Luis de Urquijo,[165] zu erfreuen hatte, änderte auf einmal wieder meine Lebenspläne. Der erste Staatssekretär erklärte, daß mir alle spanischen Besitzungen in Amerika und dem Indischen Ozean (Marianen und Philippinen) geöffnet sein würden aus rein persönlichem Vertrauen, denn von keiner anderen Regierung war ich der spanischen empfohlen. Der Erlaubnis wurden offizielle Befehle an alle Behörden beigefügt, wie seit der Expedition von Bouguer[166] und La Condamine[167] noch keinem Fremden geschehen war. Von den zwei Pässen war der eine von der Primera Secretaria de Estado,[168] der andere von dem Consejo de Indias.[169] Der erste »gestattete den freien Gebrauch aller Instrumente zu astronomischen und geodätischen Zwecken, die Messung der Berge, das Einsammeln von Naturalien, ja Untersuchungen jeglicher Art, die zur Erweiterung der Wissenschaften führen könnten.« Ich

162 Humboldt und Bonpland.

163 Der genaue Termin des Eintreffens in Madrid ist nicht bekannt; auf jeden Fall kamen die Reisenden nicht Anfang, sondern frühestens Mitte Februar 1799 in der spanischen Hauptstadt an.

164 Philipp Baron von Forell; siehe S. 59, Anmerkung 105.

165 Mariano Luis de Urquijo; siehe S. 59, Anmerkung 104.

166 Pierre Bouguer (1698–1758), französischer Mathematiker und Astronom, nahm 1736/42 an der französischen Gradmessungsexpedition in Ekuador teil.

167 Der französische Mathematiker und Naturforscher Charles-Marie de La Condamine (1701–1774) leitete 1736/42 die französische Gradmessungsexpedition in Ekuador.

168 Hauptstaatskanzlei.

169 Indienrat, die oberste spanische Kolonialbehörde. Noch heute erinnern die Bezeichnungen Indianer bzw. Westindien an die frühere Benutzung des Wortes »Indien« in einem viel weiteren Sinne als gegenwärtig.

sagte in der Einleitung meiner Reisebeschreibung[170] ausdrücklich, daß alles so wohlwollend Versprochene auf das pünktlichste gehalten worden ist, und daß ich in fünf Jahren nie eine Äußerung des Mißtrauens erfahren habe.

Mitte Mai[171] verließ ich Aranjuez und Madrid und ging (die Höhen messend) durch Altkastilien, Leon und Galicien über Villalpando, Astorga und Lugo nach dem Hafen Coruña, um mich daselbst am 5. Juni 1799 auf der Fregatte »Pizarro« einzuschiffen. Der Kapitän des »Pizarro« hatte von der Regierung den Befehl erhalten, sich auf der Schiffahrt nach den Küsten von Südamerika so viel Tage in Teneriffa aufzuhalten, als ich zur Besteigung des Pico de Teyde brauchen würde. Da die Landung in Cumaná[172] den 16. Juli 1799 und die Rückkehr in der Mündung der Garonne[173] den 3. Aug. 1804 erfolgte, so hat meine ganze Reise in Südamerika, der Südsee, Mexiko, den Antillen und Nordamerika fünf Jahre und zwei Monate gedauert.

Unser Aufenthalt in Teneriffa war nur von wenigen Tagen, vom 19. bis 25. Juni. Wir hatten glücklich die englischen Kreuzer vermieden[174] und waren am 19. Juni im Hafen von Santa Cruz auf Teneriffa gelandet. Wir erstiegen den Pic und sammelten eine große Menge neuer Beobachtungen über die damals wenig gekannte natürliche Beschaffenheit der Insel. Obgleich in der Nähe der Küste Paria[175] ein heftiges nervöses Fieber am Bord des »Pizarro« ausgebrochen war, so betraten wir doch in voller Gesundheit zum ersten Mal den Boden Amerikas bei Cumaná.

Achtzehn Monate verbrachten wir auf einer Forschungsreise durch die Provinzen des jetzigen Freistaats Venezuela, gelangten im Februar 1800 nach Caracas,[176] und verließen bei Puerto Cabello von neuem die Seeküste, um nach Süden gewendet über die merkwürdigen Grassteppen von Calabozo den Fluß Apure

170 Alexander von Humboldt's Reise in die Aequinoctial-Gegenden des neuen Continents. In deutscher Bearbeitung von Hermann Hauff. Bd. 1, Stuttgart 1859, S. 11.

171 Am 13. 5. 1799 brachen Humboldt und sein Begleiter Bonpland von Madrid auf.

172 Im heutigen Venezuela.

173 Vor Bordeaux.

174 Spanien befand sich im Krieg mit England, das mit seiner Flotte die spanischen Häfen blockierte.

175 Venezolanische Halbinsel.

176 Tatsächlich war Humboldt bereits am 21. 11. 1799 im Hafen von Caracas gelandet. Die Angabe »achtzehn Monate« (richtig: sechzehn Monate) bezieht die nachstehend genannte Orinoco-Reise mit ein.

und durch diesen den Orinoco zu erreichen.[177] Auf Indianerkähnen (ausgehöhlten Baumstämmen) drangen wir von den Katarakten von Atures und Maipures bis zum südlichsten Grenzposten der Spanier, dem kaum zwei Breitegrade vom Äquator entfernten Fort San Carlos am Rio Negro, durch den Tuamini und die Wälder von Pimichin, wo die Kähne über Land geschoben werden mußten, vor; gelangten durch den Casiquiare in den Orinoco zurück; fuhren diesen bis Angostura hinab und erreichten Cumaná[178] am Ende einer Reise, die 375 geographische Meilen lang,[179] uns nur durch unbewohnte Wildnisse geführt, ja die erste war, welche eine auf astronomische Bestimmungen gegründete Kenntnis von der so lange bestrittenen Bifurkation des Orinoco[180] geliefert hatte.

Wir schifften uns nun nach Havanna ein,[181] lebten dort einige Monate und eilten einen Südseehafen zu erreichen, als die falsche Nachricht sich verbreitete, Baudin,[182] dem wir uns anzuschließen versprochen, werde an der Westküste Südamerikas erscheinen. Von Batabanó an der Südküste der Insel Cuba segelten wir im März 1801[183] nach Cartagena de Indias,[184] um von da aus nach Panama zu gehen; allein weil die Jahreszeit die Ausführung dieses Plans hinderte, fuhren wir 54 Tage lang den Magdalenenstrom hinauf bis Honda,[185] um über Guaduas das 8200 Fuß[186] hohe Plateau von Bogotá zu erreichen. Wir machten von Bogotá aus Streifzüge nach den merkwürdigsten Punkten der Umgegend.

Im September 1801[187] brachen wir trotz der eingetretenen Re-

177 Die Reise durch die Grassteppen (Llanos) dauerte vom 7.2. bis zum 27.3.1800, die sich anschließende Flußfahrt vom 30.3. bis zum 13.6.1800.

178 Am 27.8.1800. – Das zuvor genannte Angostura heißt jetzt Ciudad Bolívar.

179 Die eigentliche Flußfahrt hatte 75 Tage gedauert; Humboldt und Bonpland hatten auf ihr rd. 2250 km zurückgelegt.

180 Durch die Vermessung der Gabelung des Orinoco führte Humboldt den Beweis für die Verbindung zwischen den Stromsystemen des Orinoco und des Amazonas.

181 Die Abreise von Nueva Barcelona nach Kuba erfolgte am 24.11.1800.

182 Baudin (siehe S. 29, Anmerkung 43) war am 19.10.1800 von Le Havre aus aufgebrochen.

183 Am 9.3.1801.

184 Im heutigen Kolumbien.

185 Die Fahrt auf dem Río Magdalena dauerte vom 21.4. bis zum 15.6.1801.

186 Humboldt benutzte das französische Fußmaß (1 Fuß = 32,4 cm), also rd. 2656 m. Das stimmt mit der heutigen Höhenangabe von Bogotá (2645 m) überein.

187 Am 8.9.1801.

genzeit wieder gegen Süden auf, indem wir über Ibagué, die Cordillera de Quindíu (höchster Punkt des Nachtlagers 10800 Fuß),[188] Cartago, Popayán am Fuße des Vulkans von Puracé, den Páramo de Almaguer und die große Hochebene von Los Pastos nach den größten Beschwerden am 6. Jan. 1802 Quito erreichten. Die Reise auf dem Rücken der Kordilleren von Bogotá bis Quito, immer auf Maultieren und von vielem Gepäck begleitet, hatte volle vier Monate gedauert. Andere fünf Monate (vom 6. Jan. bis 9. Juni 1802) vergingen unter viel umfassenden Untersuchungen in dem schönen Hochtale von Quito und in der Kette von mit ewigem Schnee bedeckten Vulkanen, welche dasselbe umschließen. Durch zufällige Umstände begünstigt, stiegen wir an mehreren derselben bis zu früher nicht erreichten Höhen. Auf dem Chimborazo gelangten wir am 23. Juni 1802 bis zur Höhe von 18096 Fuß,[189] also um 3276 Fuß[190] höher als La Condamine 1738 am Nevado de Corazón.[191] Wir standen hier auf dem höchsten, je vorher von Menschen erstiegenen Punkte fester Erde, und wurden durch eine tiefe Schlucht an der Erklimmung der äußersten, noch um 2004 Fuß[192] höhern Spitze gehindert. Carlos Montúfar,[193] der Sohn des Marqués von Selvalegre,[194] ein trefflicher, lernbegieriger junger Mann, der, wie viele der Bessern seines Volkes, der später eingetretenen Revolution zum Opfer fiel,[195] schloß sich in Quito an uns an und begleitete uns fortan bis zum Schlusse der langen Wanderung durch Peru und Mexiko nach Paris. Über den Andenpaß im Páramo de Azuay (wo der Weg bei Cadlud fast die Höhe des Gipfels des

188 Rd. 3500 m.

189 Mit dem gleichen Abrundungswert wie in Anmerkung 186 gerechnet: rd. 5863 m. Unter Berücksichtigung weiterer Dezimalstellen: rd. 5881 m. Tatsächlich dürfte Humboldt nur eine Höhe von etwa 5350 m erreicht haben.

190 Rd. 1061 m.

191 Bei dem erwähnten Ort Popayán. Siehe Anmerkung 167.

192 Rd. 649 m. – Heute wird die Höhe des Chimborazo mit rd. 6310 m angegeben; Humboldt trennte vom Gipfel also noch ein Höhenunterschied von rd. 960 m. Vgl. hierzu auch Margot Faak, Widerlegung von Zweifeln an Alexander von Humboldts Chimborazo-Besteigung. In: Petermanns Geographische Mitteilungen. 118 (1974) H. 1, S. 35–41.

193 Carlos Montúfar y Larrea (1780–1816), Humboldts Reisebegleiter seit dem Aufenthalt in Quito bis Paris, nahm am Unabhängigkeitskampf gegen Spanien teil, geriet in Gefangenschaft und wurde erschossen.

194 Juan Pío Montúfar y Fraso Larrea, Marqués de Selva-Alegre (um 1750–um 1815), Vater des Vorgenannten, höherer Beamter in Quito, beteiligte sich wie sein Sohn am Unabhängigkeitskampf und wurde nach Spanien verbannt.

195 1816 in Buga; siehe Anmerkung 193.

Montblanc erreicht), über Cuenca und die Chinawälder[196] von Loja stiegen wir in das Tal des obern Amazonenflusses[197] bei Jaén de Bracamoros hinab, und erreichten über die fruchtbare Hochebene von Cajamarca über die Bergstadt Micuipampa (in 11140 Fuß[198] Höhe bei den berühmten Silbergruben von Chota) und über Montan den westlichen Abfall der Kordilleren von Peru. Hier genossen wir auf dem Alto de Huangamarca zum ersten Male von einer Höhe von 9000 Fuß[199] herab den langersehnten Anblick der Südsee. Wir gelangten bei Trujillo an die Küste und gingen durch die wasserarme Sandwüste von Niederperu bis zu dem mit Gärten umgebenen Lima.

Nachdem einer der Hauptzwecke der peruanischen Reise, die Beobachtung des Durchgangs des Merkur durch die Sonne[200] erfüllt war, schifften wir uns Ende Dezember 1802[201] von Callao nach Guayaquil ein,[202] und landeten am Schlusse einer zweiten ermüdenden Fahrt in Acapulco den 23. März 1803. Über Taxco und Cuernavaca erreichten wir im April die Hauptstadt Mexikos,[203] wo wir einige Monate verweilten und dann nach Norden gewendet Guanajuato und Valladolid besuchten,[204] die Provinz Michoacan durchstreiften, der Küste der Südsee nahe, den erst 1759 ausgebrochenen Vulkan von Jorullo maßen und über Toluca nach Mexiko zurückkehrten.

Ein nochmaliger Aufenthalt in dieser damals sehr reichen und durch die Bildung der höheren Einwohnerklassen ausgezeichneten Stadt wurde zur Ordnung der reichen Sammlungen und zur Zusammenstellung der vielseitigen Beobachtungen verwendet. Im Januar 1804[205] gingen wir, nachdem wir vorher den Vulkan

196 Wälder mit Chinarinden- (Fieberrinden-) Bäumen.

197 Humboldt fuhr den Río Chamaya abwärts bis zur Einmündung in den Río Marañón, den Oberlauf des Amazonas, dann den Río Marañón abwärts bis zur Mündung des Río Chinchipe.

198 Rd. 3609 m.

199 Rd. 2916 m.

200 Vorübergang des Planeten Merkur vor der Sonnenscheibe am 9. 11. 1802.

201 Am 24. 12. 1802.

202 Humboldt landete in Guayaquil im heutigen Ekuador am 4. 1. 1803, um eine Fahrt ins Landesinnere auf dem Río Babanoyo zwecks Beobachtung eines Ausbruchs des Cotopaxi zu unternehmen. Am 17. 2. 1803 schifften die Reisenden sich in Guayaquil zur Weiterfahrt nach Mexiko wieder ein.

203 Am 12. 4. 1803.

204 Valladolid heißt heute Morelia. – Diese Exkursion dauerte vom 1. August bis Ende September 1803. Zuvor hatte Humboldt bereits vom 13. bis zum 26. 5. 1803 einen Ausflug zu den Bergwerken von Pachuca, Real del Monte und Morán unternommen.

von Toluca[206] (14232 Fuß)[207] und den Cofre de Perote[208] (12588 Fuß)[209] bestiegen und gemessen, durch die Eichenwälder von Jalapa, die schon in einer Höhe von 2860 Fuß[210] über der Meeresfläche anfangen, nach Veracruz hinab, wo wir dem damals wieder unerwartet ausgebrochenen Schwarzen Erbrechen (Vómito pricto)[211] entkamen. Das barometrische Nivellement des östlichen Abfalls des Hochlandes von Mexiko (7000–7200 Fuß)[212] gegen Veracruz hin konnte nun mit dem früher vollendeten Nivellement des westlichen Abfalls nach Acapulco an der Südsee verglichen werden. Aus beiden wurden von Meer zu Meer die Profile (senkrechte Projektionen) konstruiert, die ersten, die man ja von einem ganzen Lande bis dahin gegeben hatte.

Am 7. März 1804 verließ ich die mexikanische Küste, segelte auf der königlichen Fregatte »La O« nach Havanna, wo ich wieder zwei Monate[213] verweilte und die Materialien vervollständigte, die mir zu meinem Werke »Essai politique sur l'île de Cuba«[214] gedient haben. Am 29. April 1804 schiffte ich mich mit Bonpland und Carlos Montúfar nach Philadelphia ein. Die Überfahrt dauerte 20 Tage,[215] sie war in der Bahamastraße bei Nordwinden gefahrvoll stürmisch. Ich konnte mich nur wenige Wochen lang in Washington[216] der freundschaftlichen Aufnahme bei dem edelen Präsidenten Jefferson[217] erfreuen. Ich verließ ungern den Neuen Kontinent den 9. Juli in der Mündung des Delaware und landete den 3. Aug. 1804 in Bordeaux, an Sammlungen, besonders aber an Beobachtungen aus dem gro-

205 Am 20. 1. 1804.

206 28.–30. 9. 1803.

207 Rd. 4611 m.

208 Am 7. 2. 1804. Das Wort »vorher« ist also nur auf die Besteigung des Toluca zu beziehen.

209 Rd. 4079 m.

210 Rd. 927 m.

211 Gelbes Fieber.

212 Rd. 2268 bis rd. 2333 m.

213 Humboldts zweiter Besuch Kubas dauerte tatsächlich nur vom 19. 3. bis zum 29. 4. 1804.

214 T. 1–2. Paris 1826.

215 Humboldts Schiff traf am 20. 5. 1804 auf dem Delaware vor Philadelphia ein.

216 In Washington, D. C., wohin sich Humboldt von Philadelphia aus begeben hatte, weilte er vom 1. bis zum 13. 6. 1804.

217 Thomas Jefferson (1743–1826), der dritte Präsident der USA (1801–1809), zuvor seit 1797 Vizepräsident.

ßen Gebiete der Naturwissenschaften, der Geographie und Statistik vielleicht reicher als irgend ein früherer Reisender.

Ich wählte Paris zum Aufenthalte, indem kein Ort des Kontinents damals einen gleich zugänglichen Schatz von wissenschaftlichen Hilfsmitteln darbot, keiner ebenso viel große und tätige Forscher einschloß als jene Hauptstadt. Ich hatte bei meiner Ankunft die Freude, dort die geistreiche Gattin[218] meines Bruders[219] mit ihren Kindern zu finden. Den Bruder selbst fesselten gelehrte Arbeiten und Geschäfte als preußischer Gesandter in Rom. Die vorläufige Anordnung der Sammlungen und zahlreichen Manuskripte, mehr aber noch chemische Arbeiten über das Verhältnis der Bestandteile der Atmosphäre, gemeinschaftlich mit meinem Freunde Gay-Lussac[220] in dem Laboratorium der École polytechnique[221] unternommen, verlängerten meinen Aufenthalt in Paris bis zum März 1805.

Ich trat nun,[222] begleitet von Gay-Lussac, der einen langdauernden Einfluß auf meine chemische Tätigkeit ausgeübt hat, eine Reise nach Italien (Rom und Neapel) an, wo wir vom 1. Mai bis 17. Sept. 1805 verblieben. Leopold von Buch[223] war unser Gefährte in Neapel und auf der Rückreise durch die Schweiz nach Berlin, welches ich am 16. Nov. nach einer neunjährigen Abwesenheit wiedersah. Gay-Lussac verließ meinen Freund und Mitarbeiter im Winter 1806.

Das Unglück des Vaterlandes im Oktober 1806[224] und die Hoffnung, die durch den schmachvollen Tilsiter Frieden[225] aufgelegten Lasten mittels einer Negociation[226] zu vermindern, brachte die Regierung zu dem Entschluß, den jüngsten Bruder des Königs, den durch persönliche Tapferkeit und Anmut der Sitten gleich ausgezeichneten Prinzen Wilhelm von Preußen[227] zum Kaiser Napoleon im Frühjahr 1808 nach Paris zu senden.

218 Caroline von Humboldt, geb. von Dacheröden (1766–1829).

219 Wilhelm von Humboldt; siehe S. 40, Anmerkung 64.

220 Louis-Joseph Gay-Lussac; siehe S. 60, Anmerkung 115.

221 Wörtlich »Polytechnische Schule«, d. i. die führende französische Technische Hochschule, eine Schöpfung der Französischen Revolution.

222 Am 11. 3. 1805.

223 Siehe S. 65, Anmerkung 4.

224 Nach der vernichtenden Niederlage von Jena und Auerstedt am 14. 10. 1806 brach der preußische Staat zusammen und wurde von den Truppen Napoleon Bonapartes (1769–1821) besetzt.

225 Am 7. und 9. 7. 1807 zwischen Frankreich, Rußland und Preußen.

226 Verhandlung.

227 Wilhelm (der Ältere; 1783–1851).

Alexander von Humboldt, 1812, im Hintergrund der Chimborazo. Gemälde von Karl von Steuben (1788–1856)

Aztekische Priesterin
(In: Alexander von Humboldt, Vues des Cordillères et monumens des peuples indigènes de l'Amérique, Paris 1810/13, Tafel 1)

Natürliche Brücken von Icononzo
(Ebenda, Tafel 4)

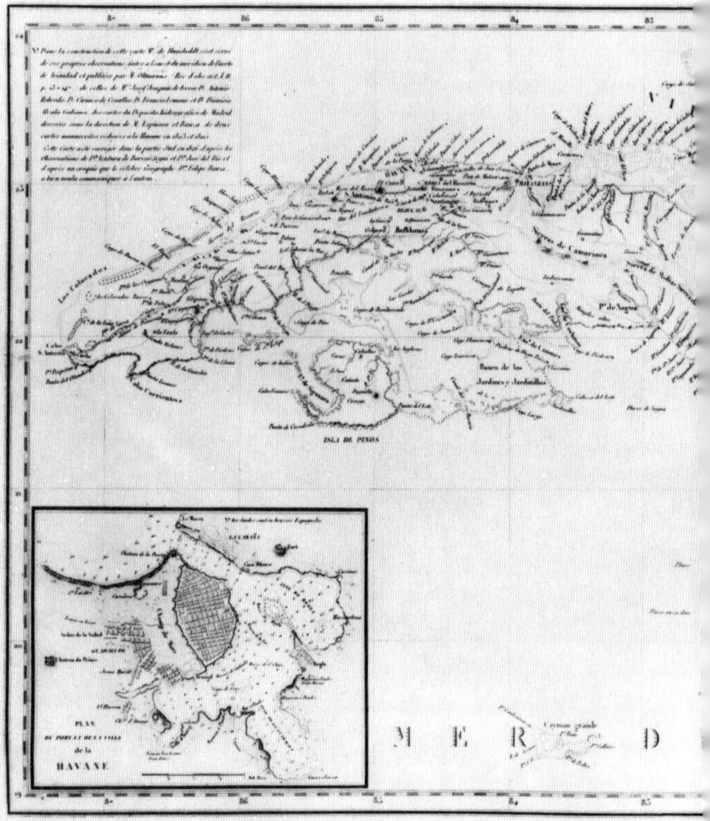
ISLA DE PINOS
Los Colorados
Cayman grande
PLAN
de la
HAVANE
M E R D

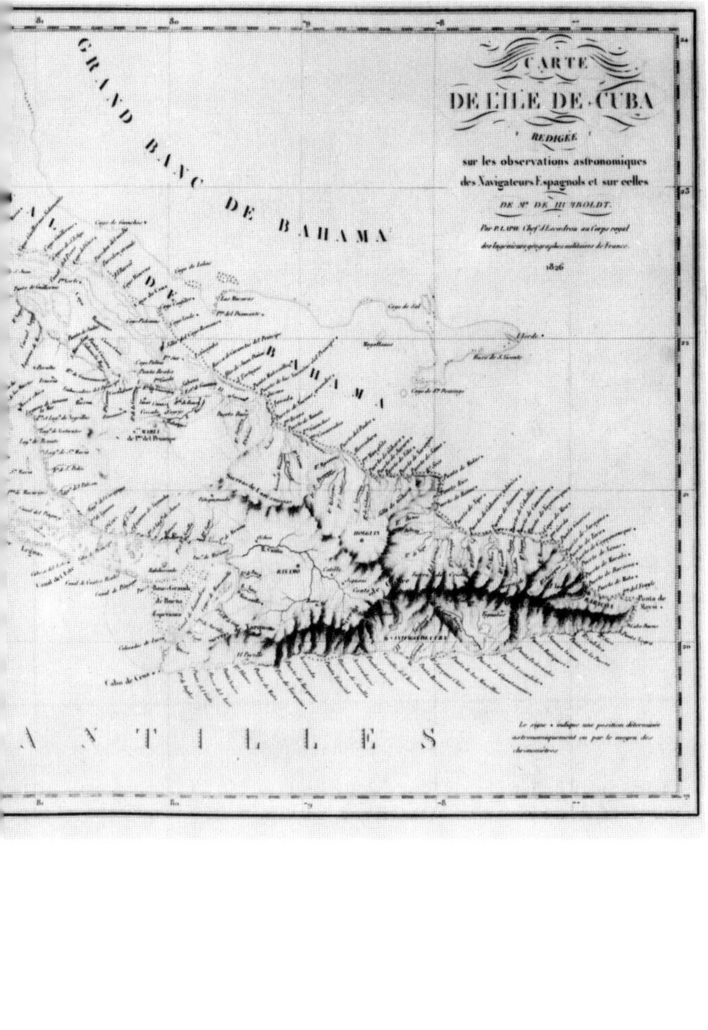

Karte von Kuba
(In: Alexander von Humboldt, Atlas géographique et physique du Nouveau Continent, Paris 1814/37, Tafel 23)

Paß von Quindiu
(In: Alexander von Humboldt, Vues des Cordillères et monumens des peuples indigènes de l'Amérique, Paris 1810/13, Tafel 5)

Peruanisches Denkmal von Cañar
(Ebenda, Tafel 17)

Ansicht des Großen Platzes von Mexico
(Ebenda, Tafel 3)

Ich, der ich mich während der französischen Besetzung von Berlin in einem einsamen Garten eifrigst mit stündlichen magnetischen Deklinationsbeobachtungen beschäftigte, erhielt sehr unvermutet den Befehl des Königs,[228] den Prinzen Wilhelm auf seiner schwierigen politischen Mission zu begleiten, und ihm durch meine genaue Bekanntschaft mit damals einflußreichen Personen wie durch größere Welterfahrung nützlich zu werden.[229] Der Aufenthalt des Prinzen Wilhelm, dem als Adjutant ein nachmals lieber Verwandter A. von Hedemann[230] beigegeben war, dauerte bis zum Herbst 1809, und da der Zustand von Deutschland es unmöglich machte, die Herausgabe so vielumfassender, von keinem Gouvernement unterstützter Reisewerke[231] (in der Folio- und Quartausgabe 29 Bände[232] mit 1425 gestochenen, zum Teil farbigen Kupfertafeln) auf deutschem Boden zu wagen, so erhielt ich von dem Könige Friedrich Wilhelm III.,[233] der mir persönliches Wohlwollen schenkte, die Erlaubnis, als eines der acht auswärtigen Mitglieder der Pariser Akademie der Wissenschaften[234] in Frankreich zu verbleiben.

Ich habe so meinen dauernden Wohnsitz, kleine Abwesenheiten abgerechnet, fast 20 Jahre lang (von 1808–27)[235] in Paris gehabt. Als mein älterer Bruder nach vollbrachter Stiftung der Berliner Universität als Gesandter (1810) nach Wien ging und die oberste Leitung des Unterrichtswesens im preußischen Staate aufgab, wurde mir als dem jüngern Bruder dieselbe von dem Staatskanzler Freiherrn von Hardenberg[236] sehr dringend (ohne oder auch mit dem Ministertitel) angeboten. Ich zog es vor, mir eine freie, unabhängige Lage als Gelehrter zu erhalten, weil die Herausgabe meiner astronomischen, zoologischen und botani-

228 Friedrich Wilhelm III. von Preußen (1770–1840).

229 Humboldt verließ Berlin in der Nacht zum 14.11.1807.

230 August von Hedemann (1785–1859), preußischer Militär, heiratete 1815 Adelheid von Humboldt (1800–1856), Tochter Wilhelm von Humboldts und Nichte Alexander von Humboldts.

231 Voyage de Humboldt et Bonpland. Paris 1805/35.

232 Richtig: 30 Bände. Hinzu kommen noch 4 nur in der Oktavausgabe erschienene Bände.

233 Siehe Anmerkung 228.

234 Humboldt war am 6.2.1804 Korrespondierendes Mitglied, am 14.5.1810 Auswärtiges Mitglied (associé étranger) der Pariser Académie des Sciences geworden.

235 Genau: Vom 8.12.1807 bis zum 14.4.1827.

236 Siehe S. 27, Anmerkung 21.

schen Werke, trotz der treuen Hilfe von Oltmanns,[237] Bonpland[238] und Kunth[239] noch nicht weit genug vorgerückt war. (Meine lateinische Schrift: »De distributione geographica plantarum secundum coeli temperiem et altitudinem montium« erschien erst 1817.[240]) Dazu hatte ich den bestimmten Entschluß gefaßt, eine zweite wissenschaftliche Expedition nach Oberindien, dem Himalaja und Tibet zu unternehmen. Um mich zu derselben vorzubereiten, war ich mehrere Jahre lang eifrig unter Silvestre de Sacy[241] und Andréa de Nerciat[242] mit Erlernung der persischen Sprache (als der leichteren unter denen des Orients) beschäftigt. Da zu dieser Zeit (1812) der Kaiser Alexander,[243] von Sibirien aus über Kaschgar und Jarkand eine wissenschaftliche Expedition nach der tibetanischen Hochebene angeordnet hatte, so wurde ich von dem Reichskanzler Grafen Romanzow[244], der mich persönlich kannte und meinen Unternehmungsgeist schätzte, aufgefordert, mich der russischen Expedition anzuschließen. Ich nahm ein solches Anerbieten willig an; der Ausbruch des Kriegs zwischen Frankreich und Rußland vereitelte aber die schöne Aussicht, die Geognosie[245] des Himalaja und Kuen-lun mit der der Andenkette vergleichen zu können.

Die politischen Veränderungen vom März 1814 bis November 1815, zwischen dem ersten und zweiten Pariser Frieden,[246] veranlaßten mich zu mehrfachen Reisen. Ich ging nach England, das ich seit 1790 nicht wieder gesehen, zuerst im Gefolge des Königs

237 Der Astronom Jabbo Oltmanns (1783–1833) unterstützte Humboldt bei der Auswertung von dessen während der amerikanischen Reise angestellten geographischen Ortsbestimmungen und Höhenmessungen.

238 Bonpland (siehe S. 30, Anmerkung 46) hielt am Schreibtisch nicht das, was sich Humboldt von ihm nach seinen Leistungen als Botaniker in der freien Natur versprach. Er zog daher zunächst Willdenow (siehe S. 33, Anmerkung 15) und nach dessen frühem Tod Kunth (siehe die folgende Anmerkung) zur Bearbeitung des botanischen Teils seines Reisewerks heran.

239 Carl Sigismund Kunth (1788–1850), Berliner Botaniker und Mitarbeiter in Paris am botanischen Teil des amerikanischen Reisewerks Humboldts.

240 In Paris. Andere Bände des Reisewerks erschienen indessen noch viel später; erst 1835 wurde die Herausgabe beendet, ohne daß die Konzeption vollständig erfüllt worden wäre.

241 Silvestre de Sacy (1758–1838), französischer Orientalist.

242 Auguste Andréa de Nerciat (um 1810), französischer Orientalist.

243 Alexander I. von Rußland (1777–1825). – Jarkand: heute Shache.

244 Nikolaj Petrovič Rumjancev (1754–1826), russischer Staatsmann und Diplomat, seit 1801 Handelsminister und ab 1809 zugleich Außenminister. Er hatte Humboldt bereits 1808 zu einer Forschungsreise in Rußland eingeladen.

245 Ältere etwa mit Geologie identische Bezeichnung.

von Preußen 1814,[247] dann[248] mit Arago,[249] als mein Bruder, den ich schon (1811)[250] in Wien besucht hatte, Gesandter in London wurde; endlich (1818)[251] von Paris aus mit Valenciennes[252] über London nach Aachen, wo der König und auch der Staatskanzler Fürst Hardenberg während des Kongresses[253] mich in ihrer Nähe zu haben wünschten. Ebenso begleitete ich den König zu dem Kongreß von Verona[254] und folgte ihm nach Rom und Neapel, von wo aus ich die 13 Jahre früher mit Gay-Lussac und Leopold von Buch gemachten Messungen am Vesuv wiederholte.[255] Nach der Rückreise von Verona in dem so streng einbrechenden Winter von 1823 durch Tirol und Böhmen trennte ich mich von dem Könige erst in Berlin, das ich seit vollen 15 Jahren nicht besucht hatte. Der Wunsch des Monarchen, mich in seiner Umgebung zu behalten und mich für das Vaterland bleibend wiederzugewinnen, konnte erst im Frühjahr 1827 erfüllt werden.[256] Ich ging damals, meinen dauernden Aufenthalt in Paris aufgebend, über London und Hamburg nach Berlin, wo ich endlich das so

246 Der erste Pariser Frieden wurde am 30.5.1814 zwischen Frankreich und den verbündeten Mächten (Rußland, Österreich, England, Preußen) abgeschlossen. Der zweite Pariser Frieden nach der endgültigen Niederwerfung des aus seinem Exil zurückgekehrten Napoleon Bonaparte wurde zwischen Frankreich und den Verbündeten am 20.11.1815 geschlossen.

247 Im Juni 1814.

248 Im November 1817.

249 François Arago (1786–1853), französischer Physiker und Astronom, engster Freund Humboldts, bekleidete über Jahrzehnte leitende Funktionen in der Pariser Akademie der Wissenschaften.

250 21.10.–24.11.1811.

251 19.9.–8.10.1818.

252 Achille Valenciennes (1794–1865), französischer, eng mit Humboldt befreundeter und von ihm geförderter Zoologe.

253 Konferenz der vier Großmächte der »Heiligen Allianz« (Rußland, Österreich, England und Preußen) über die vorzeitige Beendigung der Besetzung Frankreichs und die Unterdrückung der fortschrittlichen Opposition (Ende September bis November 1818).

254 Konferenz der fünf Großmächte Rußland, Österreich, England, Preußen und Frankreich vom 20. Oktober bis Dezember 1822 mit dem Beschluß, Frankreich in Spanien intervenieren zu lassen.

255 Humboldt war schon am 13.9.1822 von Paris nach Italien abgereist und traf im Gefolge Friedrich Wilhelms III. (siehe Anmerkung 228) am 3.1.1823 in Berlin ein, zum ersten Mal seit dem 13.11.1807. Am 10.2.1823 verließ er Berlin wieder, um nach Paris zurückzukehren.

256 Humboldt nahm am 12.5.1827 wieder in Berlin seinen festen Wohnsitz. In Vorbereitung seiner Übersiedlung dorthin hatte er zuvor den Oktober und November 1826 in Berlin verbracht.

lange entbehrte Glück genoß, mit meinem Bruder an einem Orte zu leben und vereint wissenschaftlich zu arbeiten.

Die öffentlichen Vorlesungen, welche ich über den Kosmos (die physische Weltbeschreibung) fast gleichzeitig in der großen Halle der Singakademie[257] und in einem der Hörsäle der Universität[258] hielt, fallen in diese frühe Epoche des Berliner Aufenthalts, von Anfang November 1827 bis Ende April 1828. Das Buch vom Kosmos,[259] welches nicht die Frucht dieser Vorlesungen ist, da die Grundlage davon schon in dem während der peruanischen Reise geschriebenen und Goethe zugeeigneten »Naturgemälde der Tropenwelt«[260] liegt, hat erst 1845, also 15 Jahre nach den Berliner,[261] 18 Jahre nach den Pariser Vorlesungen[262] zu erscheinen angefangen.

Das Jahr 1829 bezeichnet in meiner so viel bewegten Existenz eine ganz neue sehr wichtige Lebensepoche. Sie umfaßt die auf Befehl des Kaisers Nikolaus[263] unternommene und großartig durch die edle Fürsorge des Staatsministers Grafen von Cancrin[264] ausgestattete Expedition[265] nach dem nördlichen Asien (Ural und Altai), nach der chinesischen Dsungarei und dem Kaspischen Meere. Die bergmännische Untersuchung der Gold- und Platinlagerstätten, die Entdeckung von Diamanten außerhalb der Wendekreise (sie glückte am 5. Juli 1829), astronomische Ortsbestimmungen und magnetische Beobachtungen, geognostische und botanische Sammlungen waren die Hauptzwecke einer Unternehmung, in der ich von zweien meiner berühmten Freunde, Ehrenberg[266] und Gustav Rose,[267] begleitet war.

257 Heute: Maxim-Gorki-Theater. Seine populären 16 Vorträge über physikalische Erdbeschreibung begannen am 6.12.1827 und endeten am 27.4.1828.

258 Diese 61 wissenschaftlichen Vorlesungen begannen am 3.11.1827; die letzte wurde am 26.4.1828 gehalten.

259 Alexander von Humboldt, Kosmos. Entwurf einer physischen Weltbeschreibung. Bd. 1–5, Stuttgart und Tübingen 1845/62.

260 Geographie der Pflanzen in den Tropen-Ländern, ein Naturgemälde der Anden, Tübingen 1807.

261 Müßte heißen: 17 Jahre nach den Berliner Vorlesungen (von deren Ende an gerechnet).

262 Humboldt hatte im Verlauf von 14 Monaten bis Anfang 1827 noch in Paris im Hause der Marquise de Montauban »Kosmos«-Vorlesungen gehalten.

263 Nikolaus I. von Rußland (1796–1855).

264 Georg Graf Cancrin (Egor Francevič Kankrin; 1774–1845), aus Hessen stammender russischer Finanzminister (1823/44).

265 Humboldt reiste am 12.4.1829 von Berlin ab und traf dort am 28.12.1829 wieder ein.

Die Reise ging über Moskau, Kasan, die Ruinen des alten Bulghar nach Jekatherinenburg,[268] den Goldseifenwerken des Ural und den Platinwäschen von Nishne-Tagilsk, über Bogoslowsk,[269] Werchoturje und Tobolsk nach dem Altai (Barnaul, dem malerischen Kolywanschen See, Schlangenberg[270] und Ustkamenogorsk); von da nach den chinesischen Militärposten von Khonimailakhu, nahe am Dsaysansee in der Dsungarei. Von den mit ewigem Schnee bedeckten Bergen des Altai wendeten wir uns wieder gegen Westen, um den südlichen Ural zu erreichen. Von einem Pulk starkbewaffneter Kosaken immer begleitet, zogen wir durch die große Steppe von Ischim über Petropawlowsk, die Festung Omsk, Miass, wo 1842, in neun Fuß[271] Tiefe, eine Goldmasse von 36 Kilogramm Gewicht gefunden worden ist, über den Salzsee Ilmen nach Slatoust, dem hohen Taganay, Orenburg und dem weit berufenen, mächtigen Steinsalzstock von Ilezk[272] in der Kirgisensteppe der Kleinen Horde.[273] Um Astrachan und das Kaspische Meer zu erreichen, mußte man wegen der vielen Regengüsse und Überschwemmungen den Weg über Uralsk, den Hauptsitz der uralischen Kosaken, Saratow, den Eltonsee, Dubowka (berühmt wegen der eine Kanalverbindung versprechenden Nähe der Flüsse Don und Wolga), Zarizyn[274] und die schöne Herrnhuterkolonie Sarepta[275] in der Steppe der Kalmücken einschlagen. Nach einem interessanten Besuche bei dem Kalmückenfürsten Sered-Dschab,[276] der sich und seinem Volke einen großen buddhistischen Tempel hat bauen lassen, wurde die Rückkehr über Woronesh, Tula und Moskau[277] genommen.

Die ganze Expedition, welche in zwei Werken, in Gustav

266 Christian Gottfried Ehrenberg (1795–1876), Biologe in Berlin, Forschungsreisender, Mitbegründer der Mikropaläontologie.

267 Gustav Rose (1798–1873), Mineraloge.

268 Heute: Sverdlovsk.

269 Heute: Karpinsk.

270 Heute: Zmeinogorsk.

271 Rd. 2,91 m.

272 Heute: Sol'-Ileck.

273 Stamm der Orenburgischen Kirgisen.

274 Heute: Volgograd.

275 Heute: Krasnoarmejsk.

276 Sered-Dschab Tumenev (um 1830), Kalmückenfürst.

277 In Petersburg (heute: Leningrad) war Humboldt auf der Hinreise vom 1. bis zum 20.5.1829, auf der Rückreise vom 13.11. bis zum 15.12.1829; in Moskau weilte er vom 24. bis zum 28.5. bzw. vom 3. bis zum 9.11.1829.

Rose's »Mineralogisch-geognostische Reise nach dem Ural, Altai und dem Kaspischen Meere« (2 Bde.,[278] 1837–42), und in meiner »Asie centrale, Recherches sur les chaînes de montagnes et la climatologie comparée« (3 Bde.,[279] 1843) beschrieben ist, hat etwas über neun Monate gedauert, in denen 2320 geographische Meilen (15 auf den Grad) zurückgelegt wurden.[280]

Das Jahr 1830 mit seinen großen Umwälzungen jenseits des Rheins[281] gab meinen Beschäftigungen auf mehrere Jahre eine politische Richtung, die deshalb doch nicht meiner wissenschaftlichen Laufbahn hinderlich geworden ist. Nachdem ich den Kronprinzen im Mai 1830[282] nach Warschau zu dem letzten vom Kaiser Nikolaus persönlich eröffneten konstitutionellen Reichstage[283] und bald darauf den König in das Bad von Teplitz[284] begleitet hatte, verbreitete sich die Kunde von dem Sturze der ältern Linie der bourbonischen Familie und der Thronbesteigung des Königs Ludwig Philipp.[285] Ich, der lange schon in sehr naher Verbindung mit dem Orleans'schen Hause[286] gestanden, ward vom König Friedrich Wilhelm III. beauftragt, die Anerkennung des neuen Monarchen nach Paris zu überbringen und von dort aus, mit Kenntnis des französischen Hofes, politische Berichte, zuerst vom September 1830 bis Mai 1832, dann in den Jahren 1834–35 nach Berlin einzusenden.[287] Dieselben Aufträge wurden mit gleichem Vertrauen in den folgenden zwölf Jahren fünfmal wiederholt, so daß ich bei jeder Sendung wieder vier bis fünf Monate meinen Aufenthalt in Paris nahm.[288]

In diese Epoche fällt die Herausgabe der fünf Bände »Kritische Untersuchungen über die historische Entwicklung der geo-

278 Berlin.

279 Paris.

280 Insgesamt legte Humboldt auf dieser Reise rd. 15000 km zurück.

281 Bezieht sich auf die Julirevolution von 1830, durch die die Bourbonenherrschaft in Frankreich beseitigt und die Herrschaft der Großbourgeoisie 1830/48 unter dem König Louis-Philippe (1773–1850) errichtet wurde.

282 Humboldt weilte als Begleiter des späteren Königs Friedrich Wilhelm IV. von Preußen (1795–1861) von Ende Mai bis zum 3. Juni 1830 in Warschau.

283 Im November 1830 brach der bis zum Oktober 1831 dauernde Aufstand in Polen aus.

284 Heute: Teplice. Humboldt begleitete den König Friedrich Wilhelm III. insgesamt zehnmal auf den sommerlichen Badereisen nach Teplitz: 1828, 1830 und von 1832 bis 1839.

285 Siehe Anmerkung 281.

286 Das heißt: zur Familie des neuen Königs Louis-Philippe.

287 Jean Théodoridès, Alexandre de Humboldt observateur de la France de Louis-Philippe (Rapports diplomatiques inédits) 1835–1847, Paris 1972.

graphischen Kenntnisse von der Neuen Welt im 15. und 16. Jahrhundert«,[289] nach dem französischen Original[290] von Ideler[291] ins Deutsche übersetzt. Mein letzter Aufenthalt in Paris war vom Oktober 1847 bis Januar 1848.[292] Zwei kleinere Reisen außerhalb Deutschlands mit dem Könige Friedrich Wilhelm IV., die eine nach England zur Taufe des Prinzen von Wales[293] (1842),[294] die andere nach Dänemark (1845),[295] sind ihrer Kürze wegen hier kaum zu erwähnen.[296]

---

288 Nach seiner Übersiedlung nach Berlin (siehe Anmerkung 256) weilte Humboldt insgesamt noch achtmal zu längeren oder kürzeren Aufenthalten in Paris: 3. 10. 1830–17. 1. 1831, Ende Febr. 1831 bis 1. Mai 1832, 15. 8.–28. 12. 1835, 20. 8. 1838–3. 1. 1839, 30. 5.–8. 11. 1841, 16. 9. 1842–19. 2. 1843, 4. 1.–19. 5. 1845, 13.10.1847–12.1.1848. Ein Vergleich dieser Daten mit den Angaben Humboldts zeigt, daß letztere nicht ganz zuverlässig sind.

289 Der Titel der deutschen Übersetzung lautet vollständig: Kritische Untersuchung über die historische Entwickelung der geographischen Kenntnisse von der Neuen Welt und die Fortschritte der nautischen Astronomie in dem 15. und 16. Jahrhundert, Bd. 1–3, Berlin 1836/52.

290 Examen critique de l'histoire de la géographie du Nouveau Continent et des progrès de l'astronomie nautique aux quinzième et seizième siècles, T. 1–5, Paris 1836/39.

291 Julius Ludwig Ideler (jun.; 1809–1842), Sprachforscher in Berlin, übersetzte den in Anmerkung 290 genannten Titel ins Deutsche (siehe Anmerkung 289).

292 Siehe Anmerkung 288.

293 Der spätere Eduard VII. von Großbritannien (1841–1910).

294 Humboldt schreibt versehentlich 1841. Er reiste von Berlin am 15. 1. 1842 ab und traf dort etwa am 11. 2. 1842 wieder ein.

295 Die Reise fand in der zweiten Junihälfte 1845 statt.

296 Von den Publikationen Humboldts in den letzten Lebensjahren sind neben dem erwähnten »Kosmos« (siehe Anmerkung 259) zu nennen: die dritte, verbesserte und vermehrte Auflage seiner »Ansichten der Natur«, Bd. 1–2, Stuttgart und Tübingen 1849 (1. Auflage in einem Band Stuttgart und Tübingen 1808, 2. Auflage in zwei Bänden ebd. 1826) und »Kleinere Schriften. Geognostische und physikalische Erinnerungen«, Bd. 1 (mehr nicht erschienen), Stuttgart 1853. – Von Fahrten nach Potsdam, Tegel und Paretz abgesehen, unternahm Alexander von Humboldt seine letzte Reise im August 1853 nach Rügen. Er starb am 6. 5. 1859 in seiner Berliner Wohnung (Oranienburger Str. 67) und wurde am 11. 5. 1859 in der Ruhestätte der Familie Humboldt im Park ihres Tegeler Schlosses beigesetzt.

SELBSTZEUGNISSE IN BRIEFEN

Vorbemerkung:

Der folgende Abschnitt enthält eine Auswahl von brieflichen Äußerungen Humboldts, denen autobiographischer Charakter zugesprochen werden kann. Dabei wurde versucht, Briefstellen auszuwählen, die über die Erlebnisse, über Ansichten und Urteile, Pläne und Absichten oder seine Förderung junger Talente berichten, um so einen Einblick in das Handeln, Denken und Fühlen Humboldts in verschiedenen Lebensaltern zu ermöglichen. Die Bevorzugung der jüngeren Jahre hat ihren Grund darin, daß Humboldt mit zunehmendem Alter und wachsender Reife einerseits zurückhaltender in der Wiedergabe von Selbstbetrachtungen wurde, sich in steigendem Maße der Einstellung des jeweiligen Briefempfängers anpaßte und zum anderen sein Leben gleichförmiger ablief. Angesichts der überwältigenden Fülle der zur Verfügung stehenden Äußerungen war es nicht einfach, die richtige Wahl zu treffen, um einen einigermaßen repräsentativen und zugleich interessanten Querschnitt zu bieten. Besonderer Wert wurde auf den Reflex der großen Reisen in seinen Briefen gelegt.

Zur Auflösung der in diesem Abschnitt für die Quellen der Zitate verwendeten Abkürzungen ist das »Quellenverzeichnis der Briefe« zu benutzen. Die Rechtschreibung der zitierten Äußerungen wurde den heutigen Regeln angepaßt. Biographische Angaben zu den erwähnten Personen werden bei der *ersten* Erwähnung der betreffenden Person in den Briefauszügen gegeben bzw. durch Verweisungen auf vorangegangene Anmerkungen im Band auffindbar gemacht.

1

An Wilhelm Gabriel Wegener[1]

Berlin, 27.3.1789

Humboldt 1973, S. 46–47

Wie soll ich, wie kann ich Dir das Vergnügen schildern, welches mir Dein Brief gewährt hat! Je länger ich Dich kenne, desto teurer wirst Du meinem Herzen, je weiter ich mich von Dir entferne, desto stärker wird meine Sehnsucht nach Dir. Die glücklichen Tage in Frankf[urt][2] sind entflohen. So froh kehren sie nie wieder zurück. Doch meine innige Liebe, meine Freundschaft zu Dir, soll unsterblich sein, wie die Seele, die sie empfindet! Ich kehre jetzt in meine vorige Laufbahn zurück. Mein akadem[isches] Leben beginnt von neuem. Aber meine ganze Lage ist verändert. Ich bin bereit, den ersten Schritt in die Welt zu tun, ungeleitet und ein freies Wesen. Ich freue mich dieses Zustandes, so mißlich er zu sein scheint. Lange genug gewohnt, wie ein Kind am Gängelbande geführt zu werden, harrt der Mensch, die gebundenen Kräfte nach eigener Willkür in Tätigkeit zu setzen und, sich selbst überlassen, der eigene Schöpfer seines Glücks oder Unglücks zu werden. Aber ich sehe mit bescheidener Zuversicht diesem Zustand entgegen. So eingeschränkt meine Lage war, habe ich doch mannigfaltige Gelegenheit gehabt, die Menschen um mich her zu beobachten. Keine starke Leidenschaft wird mich hinreißen. Ernsthafte Geschäfte und am meisten das Studium der Natur werden mich von der Sinnlichkeit zurückhalten. Du kennst mich, lieber Wegener, unter allen meinen Freunden am besten. Du magst es selbst beurteilen, ob Du mich stark genug hältst, allein auf dem schlüpfrigen Pfade des Lebens zu wandeln. Wie glücklich, unaussprechlich glücklich würde ich sein, wenn ein Freund, wie Du, mir zur Seite ginge. G[öttingen] ist für mich ein wüstes Land.[3] Bekannte finde ich dort genug.[...] Ich zweifle nicht, daß unter 800 Menschen nicht ein paar sein sollten, denen ich meine Freundschaft schenken könnte. Aber wie lange dauert es oft, ehe man sich findet. Kannten wir uns nicht ein viertel Jahr, ehe wir fühlten, wie

Brief 1

1 Wilhelm Gabriel Wegener (1787–1837), Theologe; Studienfreund Humboldts.

2 Bezieht sich auf das gemeinsame Studium an der Universität Frankfurt/Oder vom 1.10.1787 bis zum 20.3.1788.

3 Humboldt stand im Begriff, sein Studium in Göttingen fortzusetzen, wo sein Bruder Wilhelm schon seit dem 23.4.1788 studierte.

sehr wir füreinander geschaffen sind. Und ohne Freund – welch ein Leben. Und wo ist der Freund, den ich Dir in meinem Herzen gleichsetzen könnte. Meine Reise ist auf den 8ten April angesetzt. Schicke keinen Brief nach Berlin, den ich später erhalten sollte. Ich habe die Hoffnung gänzlich aufgegeben, Dich früher zu sehen. Warum? weiß ich mir selbst nicht zu sagen. Die Reise geht über Magdeburg, Helmstedt, Braunschweig und Nordheim. Unerachtet ich in allen diesen Orten mich aufhalten muß, besonders in Braunschweig, wo ich an den Hof gehen muß, so weiß ich doch nicht bestimmt, ob ich Dir von der Reise werde schreiben können. Auf jeden Fall soll es in G[öttingen] mein erstes Geschäft sein, Dir von meiner Ankunft Nachricht zu geben und Dir meine Wohnung, per Adresse zur ferneren Korrespondenz zu melden. Mein Bruder war 4 Wochen bettlägerig. Er war gefährlich krank an einer Art von Faulfieber. Jetzt ist er wieder hergestellt. Er nutzte jede Zeit, um Deutschland nach allen Seiten zu durchkreuzen. Vor kurzem war er in Gotha, Weimar, Jena, Erfurt. In den Ferien wollte er nach Straßburg gehen. Aber seine Krankheit hat ihn gehindert, diesen großen Plan zu vollführen. Er reiste daher bloß nach Minden und Hannover und kommt mir nach Braunschweig entgegen.[4] Ich freue mich, ihn nach einem ganzen Jahr wiederzusehen.

2

An Wilhelm Gabriel Wegener
Göttingen, 16. und 17.8.1789
Humboldt 1973, S. 67

Ich liebe nicht solche Verkettung der Weltbegebenheiten, in der der Verstand nichts erkennt, durch die der Mensch hinweggerissen, sich als des Schicksals Sklave fühlt. Mag es immer eitele Freude, elendes Blendwerk sein, wenn wir darum selbstwirkend zu sein glauben, weil wir den Lauf der Begebenheiten ahnden – preisen wir doch nicht den Schiffer glücklicher, der den Wind beobachtet, der ihn treibt, als den, der von unbekannten Strudeln bald hierhin, bald dorthin geschleudert wird?

4 Diese Absicht wurde verwirklicht.

3
An Dietrich Ludwig Gustav Karsten[1]
Hamburg, 7.9.1790
Humboldt 1973, S. 102, 105

Sie werden verzeihen, verehrungswerter Mann, daß ich an Sie schreibe, ohne das Glück zu haben, von Ihnen gekannt zu sein. Ich schicke Ihnen meine kleine mineralogische Schrift[2], nicht weil ich sie für wichtig halte, nicht weil ich fürchten müßte, sie würde Ihnen durch meinen Bruder nicht in die Hände gefallen sein – ich will Ihnen den Grund offenherziger gestehen, ich überreiche Ihnen diese jugendliche Arbeit bloß, um eine Gelegenheit zu haben, mit Ihnen in nähere Verbindung zu treten, um Ihnen zu sagen, was ich so wahr und so lebhaft empfinde. [...]

Ew. Wohlgeboren werden verzeihen, daß ich in dem Tone langer Bekanntschaft an Sie schreibe. Zudringlichkeit zu Männern, die ich hochschätze, ist einer meiner Hauptfehler. – Ich werde mich an 6 Monate noch auf der hiesigen Handelsakademie bei Professor Büsch aufhalten.[3] Wenn Sie einmal Muße haben, so schreiben Sie mir. So überaus angenehm und erfreulich mir Ihre belehrende Antwort sein wird, so werde ich doch auch Stillschweigen durch die Menge Ihrer Geschäfte entschuldigen.

4
An Wilhelm Gabriel Wegener
Hamburg, 23.9.1790
Humboldt 1973, S. 106–107

Böse bist Du mir nicht, nein, Wilhelm, das kann unter uns nicht sein! Ich habe Dir lange nicht geschrieben, aber Du weißt ja, daß das öftere oder seltnere Schreiben kein Thermometer der Freundschaft unter uns ist. Du kennst meine warme, innige Anhänglichkeit an Dir, Du weißt wie viel ich Dir, Lieber, verdanke – unter uns kann keine Trennung sein.

Brief 3

1 Dietrich Ludwig Gustav Karsten (1768–1810), Mineraloge und Montanwissenschaftler.

2 Mineralogische Beobachtungen über einige Basalte am Rhein. Mit vorangeschickten, zerstreuten Bemerkungen über den Basalt der ältern und neuern Schriftsteller, Braunschweig 1790.

3 Mitte August 1790 bis Ende April 1791. – Johann Georg Büsch; siehe S. 53, Anmerkung 43.

Meinen Brief aus London[1] hast Du doch richtig erhalten. Du erwartetest vielleicht mehrere aus London, aber wisse, daß Du außer unserem Hause mit Willdenow[2] der einzige warst, an den ich schrieb. Denk', wie ich seit 3/4 Jahren umhergeschleudert bin. Seitdem ich aus Frankreich zurück kam, war ich vier Wochen in Mainz, dann in Aschaffenburg, dann im Vogelsgebirge und in der Rhön. Über Göttigen und Hannover reiste ich hier her. Ich lebe als Zögling auf der Handelsakademie bei Professor Büsch, sehe nichts als Zahlen und Kontorbücher vor mir, und muß meine Pflanzen und Steine vergessen. Kaum war ich 5 Tage in Hamburg, so sah ich Naturalien aus der Insel Helgoland. Die Begierde selbst zu haben, ergriff mich. Ich schiffte mich ein und machte in 8 Tagen eine sehr stürmische Seereise von 45 Meilen. Jetzt muß ich mich an dem Anblick der Schiffe im Hafen begnügen, denn wenn ich wieder das Element befahre ...[3] Werden meine Wünsche erfüllt, so gehe ich in 11/2 Jahren wieder nach England. Ich kann nun mit unendlichem Agrément[4] dort leben.

Gott! Was habe ich alles gesehen, seitdem ich Berlin verließ. In wie verschiedene Lagen bin ich gekommen, wie viele interessante Menschen habe ich kennengelernt. Ich lebe hier nicht fröhlich, aber zufrieden. Ich habe an Bildung viel gewonnen; ich fing an mit mir selbst zufriedener zu werden, ich war in Göttingen sehr fleißig – aber um so tiefer fühl' ich, was noch alles übrig ist. Meine Gesundheit hat sehr gelitten, wenn sie gleich durch die Reise mit Forster wieder etwas gewann. Auch hier bin ich so beschäftigt, daß ich mich nicht schonen kann. Es ist ein Treiben in mir, daß ich oft denke, ich verliere mein bißchen Verstand. Und doch ist dies Treiben so notwendig, um rastlos nach guten Zwecken hinzuwirken.

5

An Paulus Usteri[1]
Hamburg, 15.3.1791
Humboldt 1973, S. 127–128

In dieser Stunde erhalte ich Ihren Brief vom 26ten durch die Güte des H. Prof. Nau[2] und mein Herz befiehlt mir, keinen Augenblick zu verlieren, um Ihnen darauf zu antworten. – Dieser Brief hat mich sehr betroffen, unangenehm, weil ich Einigkeit und Ruhe über alles liebe, und mich der Gedanke an eine Störung allein schon kränkt, angenehm, weit angenehmer und erfreulicher aber, weil dieser Brief ein Licht über Ihren Charakter wirft, das ihn mir unendlich liebenswürdig macht. Ich kannte bisher bloß den Gelehrten in Ihnen, unsere Verhältnisse waren bloß literarisch, jetzt habe ich eine moralische Hochachtung für Sie – ich ehre in Ihnen den Menschen. – Ich schrieb Ihnen aus London, mitten unter tausenderlei Zerstreuungen, einen, wenn ich mich recht erinnere, sehr unzusammenhängenden Brief, aber warm und vertraulich, wie ich gern mit Freunden umgehe. Sie beantworten diesen Brief schnell und in dem freundschaftlichsten Tone, Sie danken mir für ein paar kleine Nachrichten, denen Ihre Güte mehr Wert beilegte, als sie haben. Sie fügen ein mir sehr angenehmes Geschenk Ihrer kleinen Abhandlungen[3] bei – und ich, ich lasse 6–7 Monate vergehen, ohne Ihnen mit einer Silbe für alles dies zu danken.

[...]Mein langes Stillschweigen hatte sehr einfache Gründe, teils in meiner hiesigen merkantilischen Geschäftigkeit, von der ich Ihnen von London aus sagte, und die fast alle Korrespondenz stört, teils in der sehr gewöhnlichen falschen Scham, seine Nachlässigkeit zu bekennen. Ich paßte fast auf eine recht eminente Gelegenheit, Ihnen mit Ehren wieder schreiben zu dürfen, mein kleines Buch, – eine jugendliche Arbeit, die ich ihnen doch anzubieten wage, schien mir zu unwichtig dazu.

6

An Friedrich Anton Frh. von Heinitz

Berlin, 14.5.1791

Humboldt 1973, S. 137–138

Ich stehe jetzt in dem Alter, in dem ich wünschen muß, in einen bestimmteren Wirkungskreis zu treten und durch die geringen

Brief 4

1 Humboldt hatte im Mai und Juni 1790 mit Georg Forster (siehe S. 25, Anmerkung 6) England besucht.

2 Carl Ludwig Willdenow; siehe S. 33, Anmerkung 15.

3 Die drei Punkte sollen wohl andeuten, daß Humboldt den Satz in Gedanken etwa so beendete: »dann für eine große Reise in ferne Länder.«

4 Annehmlichkeit, Vergnügen.

Brief 5

1 Paulus Usteri; siehe S. 62, Anmerkung 134.

2 Bernhard Sebastian von Nau (1766–1845), Kameralist und Naturkundler in Mainz.

3 Delectus opusculorum botanicorum, T. 1, Straßburg 1790.

Kräfte, die ich in mir fühle, meinem Vaterlande nützlich zu werden. Entschiedene Neigung zur Mineralogie, zur Salz- und Bergwerkskunde und noch mehr die schmeichelhafte Hoffnung, dereinst vielleicht zur Ausführung der großen und wohltätigen Pläne mitzuwirken, durch welche Ew. Exzellenz seit einer langen Reihe von Jahren, unserem Staate bald neue Quellen des Nationalreichtums eröffnen, bald die schon gefundenen nach den philosophischen, sich immer gleichen Prinzipien der Staatswirtschaft benutzen lehren – diese Gründe veranlassen den Wunsch, unter Ew. Exzellenz näheren Befehlen in hochdero verschiedenen Departements mich vollends ausbilden zu dürfen. Meine bisherigen Studien waren auf die ökonomischen und Finanzwissenschaften im Allgemeinen gerichtet, welche ich bei meinem Aufenthalte zu Frankfurt an der Oder und Göttingen, bei meinen Reisen durch Deutschland, die Niederlande, Holland und England und bei meiner Anwesenheit in Hamburg, als Hauptzwecke, verfolgte. Um den Plan meiner wissenschaftlichen Bildung zu vollenden und mir reellere und zugleich praktische Kenntnisse vom Bergbau und den dazu nötigen Maschinen zu erwerben, wünschte ich noch ein halbes Jahr auf der Berg-Akademie zu Freiberg zu leben. Es würde indes eine sehr frohe und beruhigende Aussicht für mich sein, wenn mein künftiges Schicksal, bevor ich zur Ausführung dieses Planes schreite, etwas näher bestimmt werden könnte. Ich wage daher die untertänige Bitte an Ew. Exzellenz, daß Sie über mich zu disponieren, mir, nach meiner Zurückkunft, den Zutritt zu den Vorträgen hochdero Departements zu verstatten und mich allenfalls schon jetzt bei der Bergwerks- und Hütten-Administration anstellen zu lassen geruhen wollen.[1]

7

An Johann Leopold Neumann[1]

Freiberg, 23. 6. 1791

Humboldt 1973, S. 142

Sie werden sich vielleicht wundern, mein lieber, teurer Freund, daß ich nicht früher von der Erlaubnis, Ihnen zu schreiben, Ge-

Brief 6

1 Humboldt wurde unter dem 29. 2. 1792 zum Assessor cum voto (Beisitzer mit Stimmrecht – unterste Stufe der höheren Beamtenlaufbahn) im preußischen Bergdepartement ernannt.

brauch gemacht habe. Meinem Herzen hätte ich die Freude gern gegönnt (und daß es solcher Höhe von menschlichen Freuden empfänglich ist, trauen Sie mir von selbst zu!), aber mein Verstand sagte mir, daß es besser sei, erst die zerstreuenden Geschäfte der häuslichen Einrichtung vorüber gehen zu lassen, um dann einen ruhigeren Blick auf sich und die Gegenstände um sich her zu werfen. – Es war eine recht frohe und feierliche Stimmung, in der ich Dresden verließ.[2] Seit den zwei oder drittehalb Jahren (die ich, meiner eigenen Leitung überlassen, umherirrte[3]) weiß ich mir kaum einiger Tage zu entsinnen, in denen ich des intellektuellen und ästhetischen Genusses so viel hatte, als Sie, mein Guter, und die Ihrigen mir schenkten. Wenn man für Liebe und hingebende Freundschaft danken könnte, so würde ich Ihnen danken. Aber der schönste, reinste Dank, der Ihrer guten Seelen wert ist, liegt in der tiefen Fülle der Empfindung. Sie haben mich, lieber Neumann, gesehen, wie ich mich meinen Freunden gern zeige; Wärme und Offenheit des Charakters sind die einzigen Vorzüge, die ich [an] mir kenne. Diese haben mir Jacobi's[4] und unseres Forsters[5] Freundschaft gewonnen. Da ich ihnen auch die Ihrige verdanke, so sind sie mir dreifach heilig. In meinen Urteilen bin ich schnell und unvorsichtig, das müssen Sie meiner Jugend und den sonderbaren Verhältnissen meiner bisherigen Bildung verzeihen. Moralische Erscheinungen wirken unaufhaltsam auf mich ein, Lebhaftigkeit der Phantasie verwirrt mich – kurz, es kann Ihnen und Ihrer Gattin nicht entgangen sein, wie noch alles so unvollendet und unentwickelt in mir liegt. Ich spreche immer von mir selbst, denn ich wünschte, daß Sie mich ganz kennten. Wenn ich Ihnen etwas sein kann, so will ich es Ihnen sein, nicht das Trugbild, das Ihnen Ihr jugendfreundliches, wohlwollendes Herz mit schmeichelnder Täuschung malt.

Brief 7

1 Johann Leopold Neumann (1748–1813), höherer Beamter in der sächsischen Militärverwaltung, Verfasser von Operntexten.

2 Humboldt hatte sein Studium an der Bergakademie in Freiberg (Sachsen) aufgenommen; dem ging in der ersten Junihälfte ein Aufenthalt in Dresden voran.

3 Leicht übertrieben. Das Universitätsstudium hatte am 1.10.1787 begonnen, aber unter Aufsicht des Erziehers Gottlob Johann Christian Kunth (siehe S. 85, Anmerkung 21). Größere selbständige Reisen begannen erst im September 1789.

4 Friedrich Heinrich Jacobi (siehe S. 35, Anmerkung 31), damals in Pempelfort bei Düsseldorf.

5 Georg Forster war mit Neumann eng befreundet.

8
An Dietrich Ludwig Gustav Karsten
Freiberg, 25. 8. 1791
Humboldt 1973, S. 143–144

In diesem Augenblicke empfange ich Ihren lieben und ausführlichen Brief, für den ich Ihnen nicht herzlich genug danken kann. Ich eile, ihn sogleich zu beantworten.

Sie sind unzufrieden mit mir, liebster Karsten, daß ich Ihnen so lange nicht geschrieben habe. Diese Unzufriedenheit macht mir viel Freude, ich sehe, daß Ihnen meine Unterhaltung angenehm ist, und ich schreibe dieses Gefühl bloß Ihrem guten, freundschaftlichen Herzen zu. Wir sind an Kenntnissen so sehr verschieden, daß wir solcher Annäherungspunkte bedürfen. Unsere künftige Karriere, und eine bergmännische wünsch' ich mir doch, wird uns nahe, sehr nahe zusammenrücken. Ich verspreche mir einen großen Genuß davon, Genuß für meine Wißbegierde und mehr noch (denn die Empfindung thront bei mir über alles), mehr noch für mein Herz. Nachsicht liegt, denk' ich, ohnedies schon in Ihrem Charakter. Ich bedarf ihrer mehr, als jeder andere. Halten Sie dies nicht für Schriftsteller- oder Pfaffendemut, hinter der der Hochmut und Unbescheidenheit sich so gern verstecken. Nein, lieber Karsten, ich bedarf der Nachsicht, weil so viele gutmeinende Menschen sich mit einem Bilde von mir umhertragen, welches so idealisiert ist, daß es mir selbst nicht ähnlich ist. Wo es auf guten Willen, Betriebsamkeit und Fleiß ankommt, kann ich leisten, was man verlangt, aber den Erwartungen, die man sich von meinen Kenntnissen macht, denen kann ich nicht entsprechen.

Wundern Sie sich nicht über diese sonderbaren Konfessionen,[1] ich glaubte, sie einmal ablegen zu müssen, weil ich wünsche, daß Sie mich kennen und mich nicht für besser halten, als ich bin. Ohne Kenntnis der Charaktere ist keine Freundschaft!

Die Entschuldigungen über Ihr langes Stillschweigen schenke ich Ihnen gern. Ich konnte die Ursachen in Ihrer Lage erraten. Meine Schreibseligkeit ist weltkundig, und nur die Ungewißheit Ihres Aufenthalts (ich hörte von Herrn Böhme,[2] daß Sie in Halle wären) und meine Böhmische Reise[3] haben mich etwas deroutiert.[4] Sie sollen sehen, ich bringe alles ein.

Brief 8

1 Bekenntnisse. – Die Anmerkungen 2–4 siehe S. 137.

Humanitas, Literae, Fruges.
Allegorie, die das gesamte Reisewerk Humboldts symbolisieren sollte: Der besiegte und trauernde Indianerfürst, inmitten von Resten alter mexikanischer Kultur, wird von Pallas Athene, der Göttin der Wissenschaft und der Kunst, und von Merkur, dem Gott des Handels und Gewerbes, getröstet und aufgerichtet (In: Alexander von Humboldt, Atlas géographique et physique du Nouveau Continent, Paris 1814/37, Frontispiz)

Felsen von Inti-Guaicu
(In: Alexander von Humboldt, Vues des Cordillères et monumens des peuples indigènes de l'Amérique, Paris 1810/13, Tafel 18)

Garten des Inka
(Ebenda, Tafel 19)

Aztekisches Basrelief
(Ebenda, Tafel 21)

See von Guatavita
(Ebenda, Tafel 67)

Basalt und Wasserfall von Regla
(Ebenda, Tafel 22)

Drachenbaum von Orotava
(Ebenda, Tafel 69)

Inneres des Kraters des Pics von Teneriffa
(Ebenda, Tafel 54)

9
An Archibald Maclean[1]
Freiberg, 6.11.1791
Humboldt 1973, S. 156–157

Ich kann es nicht über mich gewinnen, Ihnen, mein liebster, guter Maclean, nicht sogleich für die Freude, die mir Ihr Brief vom 23ten (den ich vor einer halben Stunde empfangen habe) gemacht, von ganzer voller Seele zu danken. Es freut mich um Sie selbst, daß Sie mein voriges Stillschweigen eher einer Krankheit als einem Mangel an Liebe, ja (ich sage es gern) an Dankbarkeit für so manchen heiteren Lebensgenuß, den Sie mir schenkten, zuschrieben. Nur ein so zerstreutes, wildes Leben, als das meinige jetzt ist, konnte mich hindern, eine der süßesten Pflichten zu erfüllen. Aus dem ganzen Ton Ihres letzten, für mich immer noch zu kurzen Briefes darf ich schließen, daß Sie Ihrem Humboldt verziehen haben. Sie, lieber Maclean, sind meinem Herzen zu nahe, Sie sind zu bekannt mit meiner Denkart und meinen Gefühlen, als daß Sie es mir zutrauen konnten, daß ich je fahren ließe, was ich mit so inniger Wärme umfangen. Die Dauer meines Lebens hienieden mag lang oder kurz sein (wer vermag die Freuden oder Leiden zu ahnden, die unser erwarten!), so leb' ich doch der Aussicht, daß kein widriges Schicksal uns je trennen kann. Es ist ein so großes und seltenes Gefühl, die Achtung eines guten Menschen ganz zu genießen, daß für mich kein irdisches Gut diesen moralischen Genuß zu ersetzen vermag. [...] Sie kennen die mancherlei unangenehmen Verhältnisse, unter denen ich im Büscheschen Hause[2] war, von allen Menschen geliebt zu sein, und doch das innere Gefühl zu haben, ohne Verstellung ihnen das nicht wiedergeben zu können, was sie einem aufdrangen – welche Erholung dann, sein Herz gegen einen Freund, wie Sie, ausschütten zu können!

Vielen Dank, liebster Maclean, für die Herzlichkeit, mit der

2 Johann Michael Böhme (gest. 1815), Student in Freiberg, später sächsischer Bergmeister.

3 Humboldts kurz zuvor beendete Reise durch das Böhmische Mittelgebirge. Sie dauerte rd. 14 Tage.

4 Durcheinander gebracht.

Brief 9

1 Archibald Maclean (1772–1860), Kommilitone Humboldts auf der Handelsakademie in Hamburg, später Bankier.

2 Die Handelsakademie in Hamburg, deren Student Humboldt von Mitte August 1790 bis April 1791 war.

Sie mich bitten, meiner Gesundheit zu schonen. Die körperliche Anstrengung ist nicht so groß, als Sie glauben, ob sie gleich im Winter bei Schnee und Frost etwas zunimmt.

Meine Fröhlichkeit hat freilich seit Jahren sehr abgenommen. Körperliche Ursachen sind gewiß viel daran schuld. Wenn ich ein paar Monate in Ruhe sein werde, will ich ernsthaft auf Gegenmittel denken. Was mir vielleicht am meisten schadet, ist ein Geist der Unruhe, ein Streben nach Tätigkeit, das mich plagt. Aus dieser inneren Unruhe erkläre ich es mir, warum große körperliche Anstrengung mich so schnell aufheitert. Es ist dann eine Art von Gleichgewicht im physischen und moralischen Menschen. Dabei fehlt es mir an so vielen Ursachen zur Fröhlichkeit, durch die sie in anderen erwacht. Sinnliche Bedürfnisse kenne ich nicht, ja selbst der Umgang und die Freundschaft kenntnisvoller Menschen ist mir gleichgültig, wenn ich nicht im Moralischen mit ihnen harmoniere. Um nicht kalt und unteilnehmend zu scheinen, muß ich Interesse für so viele Dinge affektieren,[3] die mir gleichgültig sind. Ich habe es mir, eben so sehr aus Eitelkeit, einen angenehmen Eindruck zu machen, als aus Gutmütigkeit, zur Pflicht gemacht, jedem etwas Verbindliches zu sagen,[4] mich in die Laune und die individuelle Lage jedes Menschen zu fügen, so daß mir vieler Umgang oft ein Zwang wird. So wie aber meine Heiterkeit abnimmt, so erwacht desto lebhafter in mir, mit jedem Jahre, die Wärme und Innigkeit gegen meine Freunde. Dieser Genuß entschädigt mich reichlich. Noch habe ich kein Land der Erde gefunden, auf dem der Fluch der Gottheit so ruhte, daß kein atmendes Wesen wäre, das man an sein Herz drücken und mit Liebe umfangen könnte.[5] Arm und einsam ist man nur dann, wenn man dies entbehrt, reich über genug durch seine Freunde. Sie haben es gewiß selbst gefühlt, lieber Maclean, und ich fühle es täglich, wie man an moralischer Güte zunimmt, indem man andere liebt. Es ist in diesem Gefühle etwas so reines und hingebendes, jeder aufrührerischer Gedanke von Selbstsucht und Eigennutz wird im Aufkeimen erstickt und vor allem Achtung für die ganze Menschheit erhöht und mit dieser Achtung Wille zum Guten und Handlung. – Auch mir ist von dieser Seite hier in Freiberg unendlich wohl. Ich fand, wie ich Ihnen schon neulich schrieb, gleich bei

3 Vortäuschen.

4 Diese Eigenart behielt Humboldt bis in das höchste Alter, ja sie nahm mit den Jahren noch zu.

5 Der Sinn ist, daß Humboldt noch überall Freunde gefunden hat.

meiner Ankunft hier in Freiberg einen Menschen, mit dem ich fast jede Stunde beisammen bin. Dieser Mensch hat viel, sehr viel ähnliches mit Ihnen, im Intellektuellen, nicht im Physischen; so etwas sanftes und herzliches, das ihn unendlich liebenswürdig macht. Es ist eben der Freiesleben,[6] mit dem ich die Reise durch Böhmen machte. Wenn wir uns drei doch einmal beisammen befänden! Ich habe ihm fast den größten Teil meiner bergmännischen Kenntnisse zu danken, aber dies ist es wahrlich nicht, was mich an ihn fesselt; sondern sein Scharfsinn, sein Wille zum Guten und die Ahndung, die ich habe, daß er viel leisten wird.[7] Ich bin ein törichtes Wesen, habe ich oft gedacht, daß ich solche Verbindungen knüpfe, wenn ich fortfahre, ein so herumirrendes Leben zu führen. Es wird mir viel kosten, diesen Ort zu verlassen – aber in diesem Kummer liegt auch Genuß.

Da habe ich Ihnen einen ganzen Bogen von mir und meiner Lage geschrieben. Sie verzeihen es mir schon, mein guter Maclean!

10

An Paul Christian Wattenbach[1]

Freiberg, 18. 2. 1792

Humboldt 1973, S. 169–170

Denken Sie nur, daß ich in den 9 Monaten, die ich hier war, gut ein 150 Meilen zu Fuß und Wagen durch Böhmen, Thüringen, Mansfeld p.[2] gereiset, daß ich regelmäßig alle Tage von 6–12 Uhr anfahre[3] (wobei das auf die Grube gehen oft 1–2 Stunden dauert und im Schnee sehr beschwerlich ist), daß ich ein[4] 5-6 Kollegia auf den Nachmittag zusammengedrängt habe – und

6 Mit Carl Freiesleben (siehe S. 89, Anmerkung 60), dem Kommilitonen und Freund auf der Freiberger Bergakademie, wo Humboldt von Mitte Juni bis Ende Februar 1792 studierte, unternahm er die erwähnte Reise durch das Böhmische Mittelgebirge (vgl. Brief 8, Anmerkung 3).

7 Diese Ahnung Humboldts erfüllte sich: Freiesleben wurde später Leiter des gesamten Sächsischen Bergbaus.

Brief 10

1 Paul Christian Wattenbach (1773–1824). Ihn hatte Humboldt in Hamburg im Hause von Büsch kennengelernt, mit dem er verwandt war. Er wurde später Kaufmann.

2 Und so weiter.

3 In den Schacht einfahre.

4 Im Sinne von: einige, etwa.

sprechen Sie mir dann selbst mein Urteil. Es war noch keine Zeit meines Lebens, in der ich so beschäftigt war, als hier. Meine Gesundheit hat sehr gelitten, ob ich gleich nicht einmal krank war. Dennoch bin ich im ganzen sehr froh. Ich treibe ein Metier, das man, um es zu lieben, nur leidenschaftlich treiben kann, ich habe an Kenntnissen unendlich gewonnen und ich arbeitete nie mit der Leichtigkeit als jetzt.

II

An Joachim Heinrich Campe[1]
Berlin, 17.5.1792
Humboldt 1973, S. 188–189

Dieser Brief, verehrungswerter Freund, sollte eigentlich mit Entschuldigungen anfangen, daß ich Ihnen so lange nicht schrieb, so lange Ihnen keine Nachricht von mir und meinen jetzigen Verhältnissen gab. Aber Sie gaben mir selbst ehemals die Versicherung, jeder Brief von mir würde Ihnen angenehm sein, wenn er auch noch so rhapsodisch, noch so unzusammenhängend wäre; ich könne mich in jeder Lage an Sie wenden, als einen Freund, zu dem man nach langer Abwesenheit zurückkehrt. Ich bitte Sie daher nicht um Verzeihung, die Sie mir zum voraus geben, nicht um die Fortdauer Ihrer teilnehmenden Liebe, die Sie mir gewiß nie entziehen. – Mein Leben, seitdem ich Hamburg verließ, ist äußerst unruhig, im Ganzen aber angenehm, wenigstens lehrreich und prüfend für mich gewesen. Ich war ein Jahr lang[2] auf der Bergakademie zu Freiberg, ich machte Fußreisen nach Böhmen, dem Sächsischen Erzgebirge, der Oberlausitz p. Unter sehr einfachen Verhältnissen lebend, fand ich wenig Menschen, mit denen ich ganz harmonierte, viele aber, die mich liebten und denen ich fühlte, etwas zu sein. Dabei entwickelt sich denn am meisten unser Inneres, man empfindet, daß man sich selbst etwas wert ist, wenn man es anderen wird, man wird gleichgültiger für äußere Verhältnisse, deren Wechsel einen weniger trifft, empfänglicher für moralische Eindrücke und schafft sich gleichsam eine innere Welt, in der man tätig und glücklich lebt. Ich fühle, daß ich in diesen letzten Jahren an Selbständigkeit zugenommen habe. Mit wenigen Bedürfnissen genieße ich

Brief II

1 Joachim Heinrich Campe; siehe S. 40, Anmerkung 65.
2 Richtig: Acht Monate.

die Unabhängigkeit, deren unter allem Zwange größerer und kleinerer politischer Verhältnisse ein denkender Mensch fähig ist, eine Freiheit, die wir uns selbst schenken und die unvergänglich, wie unser Dasein, ist. Bei vielfachen Reisen und ich kann es sagen bei großer Anstrengung (denn ich brachte 1 Jahr lang[3] alle Tage wenigstens 5 Stunden in der Grube zu) habe ich glückliche Gelegenheit gehabt, meine Kenntnisse von Bergbau, Gebirgskunde, Chemie und selbst Pflanzenkunde zu vermehren. Ich habe mich viel mit Versuchen beschäftigt. Das Studium der Natur füllt meine ganze Muße aus, es gewährt ein so reines Vergnügen, dem ich kein anderes gleichzuschätzen weiß, an das sich jedes moralische Gefühl ankettet und das mir die glücklichsten Stunden meines Lebens geschenkt hat. Jetzt bin ich als Bergassessor bei dem Bergdepartement angestellt.[4] Mein Aufenthalt in Berlin wird nicht von langer Dauer sein. Ich bin für den praktischen Bergbau bestimmt, den ich liebe, weil er mich der unmittelbaren Beobachtung der Natur näher bringt, weil er mich den zeitraubenden Zerstreuungen der Stadt entzieht. Ich war dazu bestimmt, das Sauerländische Gebirge in der Grafschaft Mark zu untersuchen. Der unglückliche Krieg[5] wird alles stören.

12

An Carl Freiesleben

Tegel, 5. 6. 1792

Humboldt 1973, S. 191–192

Tegel ist eins von den Gütern, die meine Mutter[1] bei Berlin hat. Ich wohne nämlich schon seit 4 Wochen allein in Berlin und meine Familie auf dem Lande. Ich laufe alle Sonnabend zu Fuße 1 1/2 Meile heraus und komme erst den Montag früh in die Stadt zurück. Der Weg ist schrecklich sandig, geht aber durch einen dicken Wald. Tegel ist kein eigentliches Dorf, sondern ein Jagdschloß, von dem Großen Kurfürsten[2] gebaut und von meinem Vater[3] ganz umgeschaffen. Es liegt an dem Ufer eines

3 Übertreibung; siehe die vorhergehende Anmerkung.

4 Seit dem 29. Februar.

5 Der Krieg Österreichs und Preußens gegen das revolutionäre Frankreich.

Brief 12

1 Marie Elisabeth von Humboldt, geb. Colomb, verw. von Hol(l)wede (1741–1796).

2 Friedrich Wilhelm (1620–1688), Kurfürst von Brandenburg.

11/2 Meilen langen Sees, der von schön angebauten Inseln durchschnitten ist. Hügel mit Weinreben, die wir hier Berge nennen, große Pflanzungen von ausländischen Hölzern, Wiesen, die das Schloß umgeben und überraschende Aussichten auf die malerischen Ufer des Sees machen diesen Ort allerdings zu dem reizendsten Aufenthalte der hiesigen Gegend. Nehmen Sie dazu einen hohen Grad der Gemächlichkeit und des Wohllebens, der in unserem Hause herrscht, so werden Sie sich doppelt wundern, wenn ich Ihnen sage, daß eben dieser Ort, so oft ich ihn besuche, wehmütige Empfindungen in mir erregt. Sie erinnern sich unserer Gespräche, als wir vom Milischauer nach Töplitz zurückkehrten,[4] als Sie so viel Anteil an der Schilderung meiner Jugendjahre nahmen. Hier in Tegel habe ich den größeren Teil dieses traurigen Lebens zugebracht, unter Leuten, die mich liebten, mir wohlwollten, und mit denen ich mir doch in keiner Empfindung begegnete, in tausendfältigem Zwange, in entbehrender Einsamkeit, in Verhältnissen, wo ich zu steter Verstellung, Aufopferungen p. gezwungen wurde. Wenn ich mich noch jetzt, da ich frei und ungestört hier lebe, hingeben will in den Genuß, den die reizende, anmutsvolle Natur hier in so reichem Maße gewährt, so werde ich zurückgerufen durch die widrigsten Eindrücke, durch Erinnerungen an meine Kinderjahre, die fast jeder leblose Gegenstand hier rege macht. So wehmütig solche Erinnerungen aber auch sind, so interessant werden sie einem zugleich auch durch den Gedanken, daß gerade dieser Aufenthalt so viel zu der jetzigen Stimmung meines Charakters, zu der Richtung meines Geistes auf das Studium der Natur p. beitrug. Doch genug hiervon. Ich ermüde Sie durch Betrachtungen über mich selbst.

13
An Carl Freiesleben
Bayreuth, 27. 8. 1792

Humboldt 1973, S. 209–210

Nur zwei frohe Worte, lieber Junge, die ich Ihnen aber unter der Bedingung sage, daß Sie sie fein in sich verschließen müssen. Ich bin gestern zum Königl. Oberbergmeister in den beiden fränkischen Fürstentümern[1] ernannt worden. Ich habe mit meinen

3 Alexander Georg von Humboldt; siehe S. 28, Anmerkung 28.

4 Im August 1791. – Heute: Milešovka bzw. Teplice.

Grubenberichten so viel Ehre eingelegt, daß ich die alleinige Direktion des praktischen Bergbaus in den 3 Bergämtern Naila, Wunsiedel und Goldcronach erhalten habe. Alle meine Wünsche, guter Freiesleben, sind nun erfüllt. Ich werde nun ganz dem prakt[ischen] Bergbau und der Mineralogie leben. Ich wohne auf dem hohen Gebirge in Steben und Arzberg, zweien Dörfern im Fichtelgebirge; die hiesigen Lagerstätten sind unendlich interessant, und ich bleibe Ihnen nahe, kann Sie des Jahres ein- und mehrmals sehen. [...] Ich taumele vor Freuden. Im Herbst sehe ich Sie wahrscheinlich nicht, wohl aber im Frühjahr oder Winter in Leipzig. Für meine Gesundheit seien Sie unbesorgt, ich werde mich gewiß schonen, und der Geschäfte sind nur anfangs viele. Ich endige damit, Ihnen zu sagen, daß ich auch diese Freuden Ihnen verdanke, das fühl' ich nur zu sehr. Was habe ich durch Sie nicht alles gelernt! Guter Freiesleben, vor 1 Jahr fragte ich Sie, was ein Gesicht[2] wäre, und jetzt bin ich Ober-Bergmeister. Das geht wunderlich. Es ist unverschämt von mir, die Stelle zu übernehmen. Ich habe sie aber nicht gesucht, habe Gegenvorstellungen gemacht, man ist in mich gedrungen, der Gedanke, in Ihrer Nähe zu leben, hat in mir obsiegt. Und denken Sie, wie viel ich hier zulernen werde! Keiner unserer Pläne ist dadurch gestört.

14
An Johann Friedrich Freiesleben[1]
Am Salzberg bei Berchtesgaden,[2] 12.10.1792
Humboldt 1973, S. 218

Der lebhafte Anteil, den Sie, teuerster Freund, und Ihre ganze mir so verehrungswerte Familie an allem nehmen, was sich auf mein Schicksal bezieht, läßt mich hoffen, daß Sie es mir gern verzeihen, wenn ich Sie abermals mit einem Briefe beschwere. Meine Anstellung als Ober-Bergmeister in den Fränkischen Fürstentümern werden Sie freilich schon von unserem Karl, dem

Brief 13

1 Ansbach und Bayreuth, die 1791 an Preußen gefallen waren.

2 Teil der Grubenzimmerung.

Brief 14

1 Johann Friedrich Freiesleben (1747–1807), Markscheider in Freiberg, Vater von Carl Freiesleben.

2 Der Brief wurde auf einer bergmännisch-halurgischen Besichtigungsreise, die Humboldt durch Bayern, Österreich, Mähren und Polen führte, geschrieben.

ich sie so früh meldete, gehört haben, doch wollte ich mir nicht die Freude entziehen, Ihnen selbst diese Nachricht mitzuteilen. Daß es mit einer Art von Schüchternheit geschieht, da ich die geringe Summe meiner Erfahrungen und Kenntnisse und die Wichtigkeit meines Berufs fühle, den Bergbau eines ausgedehnten und im höchsten Verfall sich befindenden Reviers allein zu dirigieren und niemand als der höchsten Landesstelle, dem Kammerkollegium, responsabel[3] zu sein – dazu trauen Sie mir selbst Bescheidenheit und Selbstkenntnis genug zu. Ja, ich würde, so viel Liebe und Enthusiasmus ich auch für den praktischen Teil unseres Metiers habe, den Antrag nie angenommen haben, wenn der Minister v. Heinitz nicht wiederholt in mich gedrungen wäre. Sie haben, denke ich, während meines Aufenthalts auf Ihrer Bergakademie gesehen, daß es mir an gutem Willen nicht fehlt. Ich werde suchen, durch unermüdete Tätigkeit das zu ersetzen, was meiner Jugend an Wissen und Erfahrung abgeht.

15
An Carl Freiesleben
Erfurt,[1] 26.5.1793
Humboldt 1973, S. 249–250

Ich eile, Ihnen, mein Bester, schon von hier aus (so wenige freie Augenblicke mir übrig sind) meinen innigen, reinen, herzlichen Dank für die unendliche Freude zu sagen, die mir der Aufenthalt bei Ihnen und Fischer[2] von neuem gewährt hat. Ich sollte nicht sagen von neuem. Denn so eine Freude gewährten Sie beide mir noch nie. Ich war nie so lange von Ihnen getrennt gewesen. – Ich sah' Sie beide nie so allein, so ungestört. – Der Gedanke, so lange getrennt gewesen, jeder seinen eigenen Weg, durch so verschiedene Verhältnisse gegangen und dabei doch sich so gleich geblieben zu sein, sich noch mit eben der Innigkeit zu umarmen – dies alles fühlte ich auch noch nie in der Lebhaftigkeit, als jetzt. Ich habe mich auf dem Weg von Leipzig hieher immer mit Ihnen beschäftigt und mit mir selbst. Ich bemerke mit unbe-

3 Verantwortlich.

Brief 15

1 Auf der Durchreise von Berlin nach Bayreuth über Leipzig.

2 Gotthelf Fischer von Waldheim (1771–1853), Zoologe und Paläontologe, später in Rußland. Humboldt kannte ihn aus Freiberg.

schreiblichem Vergnügen, wie sich alles in Ihnen entwickelt hat und männlicher geworden ist. Sie drücken sich besser aus, als sonst; Sie schreiben bestimmter, Ihre Ideen sind heller und eigentümlicher. Ich ahnte dies alles. Es ist nicht bloß Folge der Zeit, des Heranwachsens, sondern Folge der Lage. Der Freiberger Aufenthalt war Ihnen unendlich nützlich gewesen. Aber nur auf eine Zeit, verlängert mußte Ihnen der Zwang der äußeren Verhältnisse und des Inneren schaden. Das waren mir alles freudige Aussichten, nur Ihre Laune, Ihre innere Zufriedenheit beunruhigen mich. War es Folge der Krankheit oder haben beide wirklich abgenommen? Wenige Menschen haben so viel Recht, froh und glücklich zu sein, als Sie, und Sie sollten es gerade nicht sein! Ich gehe diese Nacht von hier nach Bayreuth ab. Wenn Sie auch in mir Unruhe bemerkten, so schreiben Sie es meiner augenblicklichen Lage zu. Ich trete [in] einen praktisch-bergmännischen Dienst ein, ich, der ich vor 2 Jahren von Ihnen noch lernte, was ein Spatgang[3] sei [...] ich kenne meine innere Energie, ich weiß, daß, was ich ganz will, ich nicht am schlechtesten ausführe [...] Von einem Bergrate, von einem B[erg]hauptmann verlangt man wenig, man ist unwissende gewöhnt, aber ein B[erg]meister? Doch es muß sein.

16

An Friedrich Wilhelm Graf von Reden[1]

Steben, 8.12.1793

Humboldt 1973, S. 296–297

Wie schwer es mir aufs Herz fiel, Ihren so gütigen, ich darf ja wohl noch sagen, freundschaftlichen Brief so spät nach 6–7 Wochen erst zu beantworten, darf ich Ihnen nicht erst sagen. Aber auch nur Ihnen, verehrungswerter Graf, auch nur Ihnen wird die Verzeihung leicht. Wodurch ich es um Sie verdient habe, weiß ich nicht; aber es ist mir immer, als könnten Sie nie ganz ungehalten auf mich werden, als verziehen Sie mir mehr als anderen. Ob ich es nicht auch mehr als andere brauche, darüber muß mein Selbstgefühl, nicht das Ihrige entscheiden. – Wenn Ihr Brief, teuerster Herr Graf, in einem andern Tone geschrie-

3 Ein Gang, der von Ost nach West streicht.

Brief 16

1 Friedrich Wilhelm Graf von Reden (1752–1815), Leiter des schlesischen Bergbaus.

ben wäre, so sagte ich, er könne mich eitel machen. So schöne, innige, schonende Empfindungen aber, als er für mich enthält, erregen ein höheres Gefühl. Gott! es ist nun jährig, daß ich mit Ihnen in Schlesien umherzog.[2] Das war eine lehrreiche, eine frohe Zeit für mich. Wenn ich, wie in diesem Augenblick, so in meiner hiesigen unendlichen Einsamkeit auf meinem Dachzimmer, von wo ich nichts als Schnee und Wald sehe, an jene Zeit zurückdenke, – so geschieht es nie ohne eine Art der Rührung. Ob Vergleichung mit meiner gegenwärtigen Lage allein dran schuld ist oder ob die Erinnerung an Sie, an Ihre Güte, an Ihre Sorgfalt es hervorbringt, das, liebster Graf, trifft den empfindenden, nicht den räsonierenden[3] Menschen. Ich wende mich dann an Ihr Herz, und bin ich Ihnen je etwas gewesen, so frag' ich Sie dann nicht, was Sie dem meinigen zutrauen. Doch ich breche davon ab; der Blick in eine heitere Vergangenheit klärt selten den in die Gegenwart auf.

17
An Carl Freiesleben
Englisches Hauptquartier bei Uden in Brabant, 10.9.1794
Humboldt 1973, S. 352

Es ist schändlich von mir, guter Freiesleben, daß ich Ihnen in so vielen Monaten nicht schrieb. Aber ich habe doch so viel Vertrauen zu Ihrer Großmut und Güte, als daß ich nicht Verzeihung erwarten sollte. Nie war mein Leben abwechselnder, geschäftiger, stürmischer als jetzt. Ich bin aus meinem Fache herausgerissen gewesen, mit diplomat[ischen] Geschäften belastet, meist dem Feldmarschall[1] gefolgt, in Monzernheim, Dahlheim, Koblenz, jetzt auf Befehl in Negoziationen[2] hier im Engl[ischen] Lager. Ich gehe von hier den 14ten Sept. nach der Gr[afschaft] Altenkirchen, um dort die Generalbefahrung[3] zu halten und von da

2 Die in der Anmerkung 2 zu Brief 14 erwähnte bergmännisch-halurgische Besichtigungsreise endete im Dezember 1792 in Schlesien (Śląsk).

3 Die Vernunft benutzenden.

Brief 17

1 Wichard Joachim Heinrich Graf von Möllendorf; siehe S. 91, Anmerkung 89. Humboldt war von Franken aus zeitweise in diplomatischer Mission zu ihm abkommandiert.

2 Unterhandlungen.

3 Inspizierung.

ins Lager bei Kreuznach oder Fr[ank]furt a. M. zurück. So geht es immer fort. Froh war ich wenig, aber doch auch zu zerstreut, um traurig zu sein. Ich gewann an neuen Ideen, und das beständige Reisen in mineralog[isch] interessanten Gegenden hat mir zu meinem Buche über Schichtung und Lagerung[4] viel geholfen. Ich weiß nun genau, wie im ganzen westl[ichen] Deutschland alles aufgesetzt ist, habe mitunter viel Gruben befahren, Gänge beschrieben und denke, im Winter recht ordentlich an meinem großen Mineral[ogischen] Werke, einer Art geognostischer Ansicht von Deutschland zu arbeiten. Nun kein Wort mehr davon, sondern von Ihnen, mein Guter, Herzensjunge. Gott, ich sah so lange keine Zeile von Ihnen. Das ist kein Vorwurf, die Schuld lag ja an mir. Aber sind Sie auch nicht böse? Sie dürften, sollten es sein. Aber ich werde gegen den Winter Sie sehen und dann, dann werden Sie mir gewiß wieder gut. Dann will ich Ihnen sagen, wie herzlich, wie kindlich ich Sie noch liebe, wie innig ich fühle, daß ich ohne Sie nicht das geworden wäre, was ich bin, und daß mein ganzes, ganzes Leben der Ausdruck des innigsten Dankes gegen Sie, guter Mensch, sein sollte. Die Wärme meines Charakters hat zugenommen. Die Augenblicke, wo ich in Freiberg mit Ihnen war, von Ihnen lernte, was Hangendes und Liegendes[5] sei, waren die glücklichsten meines Lebens. Ach, jetzt ist es nicht mehr so schön, aber unser Bund ist noch derselbe. Mein neues Buch soll es öffentlich sagen, was ich Ihnen schuldig bin.

18
An Johann Friedrich Pfaff[1]
Goldkronach, 12. 11. 1794
Humboldt 1973, S. 370–371

Es ist eine Ewigkeit her, daß ich nichts von Ihnen, Sie nichts von mir hörten.[2] Es ist mir indes, als dürfte ich mich doch Ihnen wieder nähern, als würden Sie mir doch wieder freundschaftlich die

4 Dies Projekt kam nicht zur Ausführung.

5 Gestein oder Schicht unmittelbar über bzw. unter einer Lagerstätte bzw. Schicht.

Brief 18

1 Johann Friedrich Pfaff (1765–1825), Mathematiker in Helmstedt, später in Halle.

2 Humboldt hatte Pfaff auf der Durchreise von Berlin nach Göttingen im April 1789 in Helmstedt kennengelernt.

Hand reichen. Seit vielen vielen Monaten lebte ich meist bei der Armee im Hauptquartier des Feldmarschalls v. Möllendorf, da mich Hr. v. Hardenberg[3] bei den Negoziationen mit den Seemächten[4] brauchte. Jetzt bin ich endlich in mein einsames Gebirge zurückgekehrt.[5] Den Wissenschaften sind wir nicht fremd geworden, und sie füllen alle, alle meine Muße aus. Auch zu Ihnen trete ich, um Belehrung zu schöpfen.

Lachen Sie nur nicht über meine Unwissenheit. [...]

Wenn Sie mir meine paar Fragen beantworten, verspreche ich, Sie auch so bald nicht wieder zu quälen!

Auf meinen rauhen Felshöhen hänge ich solchen Träumereien nach. Beraubt von den notwendigsten Hilfsmitteln muß ich mich an lebendige Orakel wenden, und von Ihnen darf ich Nachsicht erwarten.

19

An Carl Freiesleben

Goldkronach, 20. 11. 1794

Bayreuth, 21. 11. 1794

Humboldt 1973, S. 375, 378–379

Es ist Abends um 9 Uhr und erst vor einer Stunde komme ich aus der Grube, ob ich gleich schon morgens um 10 Uhr einfuhr. Ich war bloß die Mittagsstunden über Tage. Denn Sie glauben nicht, mit welcher Ängstlichkeit und doch auch mit welcher Freude ich den Grubenbau auf der Fürstenzeche (der mir unendlich gelingt) vorrichte. Ich freue mich in Ihrer Seele, wenn Sie einmal einen ähnlichen prakt[ischen] Posten haben werden und wie viel anders wird es Ihnen nicht im Stollen gehen. Doch zuerst von Ihrem Briefe vom 16ten Nov., der (während ich in der Grube war) hier ankam und der (so unendliche Freude er mir machte) mir doch auch eine wehmütige Empfindung erregte. Sonderbar, daß wenn man aus der Grube kommt, alles stärker auf das Gefühl wirkt? Ich habe die Tränen im Auge, indes ich dies schreibe. Sie sind unwillig mit mir, guter Freiesleben, daß

3 Karl August Graf (später Fürst) von Hardenberg; siehe S. 27, Anmerkung 21. Er bereitete den Frieden von Basel (5.4.1795) vor, durch den Preußen aus dem Revolutionskrieg gegen Frankreich ausschied.

4 Unterhandlungen vor allem mit England; vgl. Brief 17.

5 Nach viermonatiger Abwesenheit war Humboldt seit Anfang November wieder in Franken.

ich Ihnen neulich so kurz schrieb, daß ich Ihnen so spät erst schrieb. Sie sagen, Sie wollen sich zwingen, recht trotzig zu schließen, mir für heute nicht ein Wort der Liebe sagen? Gott, lieber teurer Junge, Sie haben volles, volles Recht, auf mich zu zürnen. Freilich hätte ich Ihnen früher und länger und anders schreiben sollen. Reisen, ein schlimmer Fuß (ein eiterndes, jetzt ziemlich heiles und durch rasches Fahren verdorbenes Geschwür am Zeh), ein Wust von Arbeiten, die ich hier vorfand – hinderten mich freilich. [...]

Die 2 Jahre, auf die ich hier gebunden bin, waren bereits im Sommer verflossen. Ich bleibe aber, um alles weiter auszuführen und das meiste ist mir gelungen, bis Junius [17]95 hier. Dann denke ich, um höhere wissenschaftliche Pläne auszuführen, den Dienst zu verlassen. Ihnen brauche ich die Gründe nicht von neuem anzugeben. Ich denke dann aber erst recht anzufangen, als Bergmann zu leben, dem Metier, dem ich ganz angehöre, wesentliche Dienste zu leisten, Dienste, die dauernd für die Nachkommen sind. Diesem Plane folgend habe ich die Oberbergmeisterstelle in Schlesien, die Tölpe[1] und Oppel[2] auch angeboten war, und zuletzt die Steinsche[3] Direktion in Westfalen und den Oberbergrat mit 2000 Taler Gehalt ausgeschlagen. Hier habe ich nicht bloß der Sache, sondern auch mir genutzt. Ich glaube, jetzt nicht gemeine Kenntnisse als prakt[ischer] Bergmann zu besitzen. Ob ich nach Verlauf von 4–6 Reisejahren nicht einmal wieder in Dienste (sei es sächs[ische], österr[eichische], russische oder span[ische] Dienste) trete (mein Ruf als Bergmann muß sich indes ja wohl vermehren), will ich nicht bestimmen. Sie werden dies Vorhaben nicht unvernünftig finden. Nun, guter, brüderlich geliebter Freiesleben, habe ich vor, im Jul[ius 17]95 bis Okt. oder Nov. nach der Schweiz zu gehen,[4] den Winter in Deutschland zuzubringen und im Frühjahr [17]96 nach Schweden und Norwegen abzugehen. Schweden besonders wegen Lappland, wohin ich botanices causa,[5] und es ist gar keine Gefahr dabei, gewiß reise.[6] Einer meiner innigsten, herzlichsten

Brief 19

1 Johann Ehrenfried Tölpe (1754–1800), Bergbeamter.

2 Julius Wilhelm von Oppel (1765–1832), Bergbeamter.

3 Karl Reichsfrh. vom und zum Stein (1757–1831), der spätere Staatsmann und Reformer, leitete zeitweise den Bergbau in Westfalen.

4 Diese Reise kam zustande; sie führte nach Oberitalien sowie in die Schweizer und französischen Alpen und dauerte von Mitte Juli bis Mitte November 1795.

5 Der Botanik halber.

6 Dieser Reiseplan wurde nicht realisiert.

Wünsche, guter Karl, wäre nun, Sie mitzunehmen, und zwar nicht bloß nach der Schweiz, sondern nach Schweden. Ich halte Sie auf beiden Reisen ganz frei, hänge dabei ganz, ganz von Ihnen ab. Ihre Wünsche sollen Befehle für mich sein, und es soll Sie nicht gereuen, mit mir gegangen zu sein.[7] Nun kommt es darauf an, wie Sie abkommen können, wie lange Sie noch studieren. Für die schwedische Reise ist mir nicht bange, ich würde deshalb an Heynitz,[8] Werner,[9] Ihren Vater, Marcolini,[10] den Kurfürsten,[11] wem Sie wollen, schreiben und ich dächte, man schlüge es mir nicht ab. Auch wäre die schwedische Reise (Kongsberg, Fahlun, Dannemora, die Trappformation,[12] Eisenhüttenwesen, Kupferschmelzen p.[13]) für Sie das wichtigste, für mich, falls Sie nur eine Reise machen können, das angenehmste. Aber sollten Sie nicht auch 2–3 Monate in der Schweiz abkommen können, wenn Sie dafür den Winter [17]95 in Leipzig bleiben? Diese Schweizer Reise, die wir durch Tirol und Salzburg zurück machen, hat noch etwas besonderes, was (ich hoffe) Ihnen nicht anstößig sein soll. Sie müssen sich gefallen lassen, sie zu 3, mit noch einem Menschen zu machen, den Sie nicht kennen. Ich will ihn Ihnen genau beschreiben, ob es gleich nicht ganz gewiß ist, daß er mit uns reiset. Dieser Mensch ist ein Herr von Ha[e]ften,[14] Leutnant unter dem hiesigen Grevenitzischen[15] Infanterie-Regimente, jüngster Sohn einer reichen, sehr liebenswürdigen, in patriarchalischer Eintracht lebenden Familie im Herz[ogtum] Kleve, wo sie Güter besitzen. Dieser Reinhard v. Ha[e]ften ist seit 1 Jahre mein einziger und stündlicher Umgang. Ich wohne mit ihm zusammen, er besucht mich auf dem Gebirge. Ich habe, um ihn ganz zu genießen, mich von aller übrigen Gesellschaft losgerissen, und ich lebe mit ihm hier gerade wie ich in Freiberg mit Ihnen lebte. Aus dem allen müssen Sie

7 Freiesleben begleitete Humboldt auf der erwähnten Alpenreise, und zwar von Ende September an.

8 Carl Wilhelm Benno von Heynitz (1738–1801), Kurator der Bergakademie in Freiberg.

9 Abraham Gottlob Werner; siehe S. 53, Anmerkung 45.

10 Camillo Graf Marcolini (1739–1814), einflußreicher sächsischer Beamter.

11 Friedrich August III. (1750–1827), Kurfürst von Sachsen.

12 Plateaubasalt.

13 Und so weiter.

14 Reinhard von Haeften (siehe S. 91, Anmerkung 98) nach am ersten Abschnitt der in Anmerkung 4 erwähnten Reise teil, danach war Carl Freiesleben Humboldts Reisegefährte

15 Friedrich August von Grevenitz (1730–1809), preußischer Militär.

schon schließen, daß dies kein gewöhnlicher Mensch ist und daß er auch Sie interessieren muß. Ich bin schon 8 Meilen geritten, um ihn nur einige Stunden zu sehen. Er ist sehr groß, größer als gewöhnlich Männer sind, nur 22 Jahre alt, sieht aber gesetzter als ich aus. Er hat ein außerordentlich merkwürdiges Gesicht, man hält ihn überall für einen der schönsten Männer, ich finde ihn auch schön, aber besonders sah ich nie so einen Ausdruck der Reinheit der Seele, der unaussprechlichsten Güte und Gefälligkeit in menschlichen Zügen als in den seinigen. Er sieht so tiefempfindend und spirituell[16] aus, als er ist. Sie könnten aber monatelang mit ihm zusammen sein und ahndeten beides nicht. Er ist nicht glücklich im Ausdruck des gemeinen Lebens, beredt und unendlich schön redend im Affekt.[17] Er hat, die äußere Kultur abgerechnet, z. B. daß er französisch spricht, in jeder Gesellschaft sich sehr gefällig präsentiert, eine mittelmäßige Erziehung gehabt. Er sucht diesen Mangel jetzt sehr zu verbessern und ich bin überzeugt, daß er in 2 Jahren ein sehr kenntnisvoller Mensch sein wird. Er hat das Lob eines sehr geschickten Soldaten, also erfüllt er seinen Zweck wie wir den unsrigen. Ich habe nie einen so feinen Takt, ein so richtiges Gefühl fürs Wahre, Schöne, Einfache bei irgend einem Menschen gesehen. Ich stehe weit unter ihm. Er hat einen unendlichen Wohlgefallen an der Natur, fühlt auch die kleinsten Schönheiten und liest sehr gern Naturhistor[ische] Schriften. Weil er sehr couragiert ist, so hat er viel Freude an unserem Metier. Er fährt sehr geschickt[18] und hat unsere technische Sprache ziemlich inne. Geognosie[19] weiß er nicht viel, wird aber bald mehr davon lernen, nimmt Interesse an allem, was uns interessiert, weil er den Zusammenhang auch der Dinge ahndet, die er nicht kennt. Er hat eine Bescheidenheit, eine Prätensionslosigkeit,[20] die mir noch nie vorkam. Er liebt mich unendlich, er wird Sie auch lieben, spricht schon jetzt mit Interesse von Ihnen, weil ich ihm oft von Ihnen erzähle. Sein Äußeres, das oft kalt scheint, muß Sie nicht irremachen. Es geht dann oft am meisten in ihm vor. Als ich von Ihnen schied, Herzensjunge, glaubte ich schwärmerisch, ich könne nur an einem Menschen hängen, ich fände nie jemand wieder, mit dem es mir so ums Herz wäre als mit Ihnen. Ich müßte Sie verkennen, wenn

16 Geistreich.

17 Bei Gemütsbewegung.

18 Offenbar hat Humboldt seinen Freund mit in den Schacht genommen.

19 Geologie.

20 Anspruchslosigkeit.

ich ahndete, Sie könnten es mißdeuten, wenn ich Ihnen sage, daß ich diesen H. ganz so innig, so herzlich als Sie liebe. Aber ich lernte ihn auch in Augenblicken kennen, wo ich ihn handeln sah, wo er für mich handelte, Verhältnisse, wichtiger als sie in der bürgerlichen Gesellschaft nicht sein können – daher meine Dankbarkeit.

20

An Christiane von Waldenfels, später von Haeften[1]

Ende Okt. 1795

Humboldt 1973, S. 461–462

Ich habe Ihnen noch nicht gedankt, meine Liebe, für die namenlose Freude, welche Sie mir durch Ihren Brief in Bern gemacht haben. Es war so gar keine Wahrscheinlichkeit, daß unserm Reinhard auf diesem Wege nach Bayreuth[2] etwas zustoßen konnte, aber Sie wissen, daß ich einmal eine so unbeschreibliche, wundersame Anhänglichkeit an diesen einzig trefflichen Menschen habe, daß mich selbst die bloße Möglichkeit eines Ungemachs besorgt macht. Wie schnell und liebreich haben Sie, gute Christiane, alle diese Besorgnis verscheucht, wie teuer sind mir die Zeilen, welche unser Reinhard selbst Ihrem Briefe anhing. Nicht denken, kaum nachfühlen, ahnden kann ich das Gefühl der Wonne, welches Sie bei diesem Wiedersehen überströmt haben muß. Ich weiß nur einen zweiten Moment unseres Zusammenlebens, der diesem gleich sein konnte. Das sind Szenen des menschlichen Lebens, deren man nur eine oder zwo erlebt, Sonnenblicke am trüben Horizont, der uns bis zum Grabe umgibt. Wie gern heftet man seinen Blick auf solche Augenblicke und wie freut es einen, »daß der Mensch ihnen Dauer verleihen kann.«[3] Sie finden selbst, daß Reinhard gesunder und heiterer wiedergekehrt ist. In diesen Worten Ihres Briefes liegt ein

Brief 20

1 Christiane von Haeften, geschiedene von Waldenfels, geb. von Cramon (geb. 1768). Sie heiratete am 29. 10. 1795 Humboldts Freund Reinhard von Haeften, mit dem sie ein Liebesverhältnis hatte, als sie noch mit dem Offizier Karl Frh. von Waldenfels (1765–1846) verheiratet war.

2 Bezieht sich auf die in den Anmerkungen 4 und 14 zu Brief 19 genannte Reise, und zwar auf die Heimfahrt Haeftens nach der Trennung von Humboldt.

3 Aus Goethes Gedicht »Das Göttliche«; dort heißt es in Strophe 7: Der Mensch »kann dem Augenblick Dauer verleihen«.

4 Auch Hardenberg war an Abschnitten der Reise beteiligt.

Meer der Seligkeit für mich. Und wäre ich und diese Reise auch nur eine mitwirkende Ursach dieser Stimmung, wüßte ich mich auch nur in die entfernteste Verbindung damit zu setzen – so wäre das Selbstgefühl schon unendlich lohnend für mich. Aber immer von mir und diesem Menschen, der mit meinem Inneren so wesentlich verwebt ist, der mir seit 4 Monaten teurer als je geworden ist. – Ich vergesse, daß ich Ihnen von meiner Reise erzählen will. Ich bin jetzt endlich auf meiner völligen Rückreise begriffen. Nur noch einen Tag von hier auf Ursern und dann geht es immer gegen Zürich hin, über Luzern, wo ich den 31. Oktober sein werde. Seit dem 20ten verließ ich Hardenberg[4] (der nach Genève ist) und Bern. Wir gingen immer zu Fuß den ewigen alten Weg über Thun, Interlachen, Lauterbrunn, das Bergwerk, Grindelwald (wo ich Reinhards Freund, den Wirt leider! nicht zu Hause traf), Brienz und Hasli und von da über Sachseln am Sarner See hierher. Im Hasli hatte ich viel Freude und fast die erste, seitdem Reinhard weg ist. Es war Markt und also großer Bauerntag. So eine ländliche Szene, so eine Menge wirklich schöner Menschenbildungen sah ich nie. Dazu war es heller Mondschein, als ich ins Tal kam, die Berge waren alle dick beschneit, die Wasserfälle waren stärker als je – das gab einen wunderschönen Prospekt. Sagen Sie Reinhard, daß mir der Luzerner und Sarner See wieder ebenso gefallen, als das erste Mal. Es bleibt die lieblichste Gegend der ganzen Schweiz, und wenn wir nicht zusammen nach Amerika wandern, so müssen wir dahin, um, abgesondert von den sogenannten gebildeten Menschen, ein stilles glückliches Leben zu führen. Ich habe Freiesleben expreß vorangehen lassen, um mich 1–2 Stunden in Luzern und Sachseln aufzuhalten. Der Platz zum Hause, alles ist gewählt. Lächeln Sie immer, meine Liebe, meine Luftschlösser bleiben es nicht immer.

21

An Carl Freiesleben

Weimar, 18.4.1797

Humboldt 1973, S. 573–574

Verzeihe mir, lieber Bruder, daß ich Dir in so unendlich langer Zeit nicht geschrieben, noch auf Deinen liebevollen, in mehr als einer Hinsicht so interessanten Brief vom 11. März geantwortet. Bei meinem geschäftigen, herumirrenden Leben, und bei einer nicht geringen Arbeitsamkeit, der ich mir jetzt bewußt bin, ist es unmöglich, eine Korrespondenz so regelmäßig zu unterhalten, als man wünschte. Vor Dir, mein guter, ältester Freund, vor Dir bin ich indes leicht gerechtfertigt. Ich lebe nun schon seit dem 1. März in Jena, ganz mit meinem Buche, chemischen Versuchen und Anatomie beschäftigt.[1] Ich bin recht eigentlich in ein Studentenleben zurückgetreten, denn meine Sphäre ist eng und ganz auf mich selbst eingeschränkt. Haeftens lassen ihrem Kinde die Blattern einimpfen, ich wohne daher wieder bei ihnen, und da mein Bruder[2] auch noch in Jena ist (wenigstens seine Familie, denn er selbst ist gestern nach Berlin gegangen), so sind wir alle vereinigt. Da ich mich zu meiner westindischen Reise jetzt sehr ernsthaft vorbereite und mich dort vorzüglich mit den organ[ischen] Kräften abzugeben gedenke, so ist Anatomie jetzt mein Hauptstudium. Ich höre bei Loder[3] ein Privatissimum, präpariere selbst täglich 2 Std. am Kadaver und bin so täglich fast 6–7 Std. auf dem Anatom[ischen] Theater. Den Rest meiner Muße wende ich an mein großes physiol[ogisches] Werk vom Muskelreiz,[4] wovon schon zur Ostermesse der erste Band à 32 Bogen erscheint und wovon schon am 2ten Bande gedruckt wird.

22

An Friedrich von Schuckmann[1]

Jena, 14. 5. 1797

Humboldt 1973, S. 578–580

Wie können Sie glauben, mein Bester, daß ich Sie vergessen hätte, Sie, dem ich der Stunden froher und genußreicher Unterhaltung so viel verdanke? Wie können Sie mich so herabsetzen,

Brief 21

1 Mit dem Ende Dezember 1796 war Humboldt auf eigenen Wunsch aus dem preußischen Bergdienst ausgeschieden, um sich nun systematisch auf eine Forschungsreise vorzubereiten.

2 Wilhelm von Humboldt; siehe S. 40, Anmerkung 64.

3 Justus Christian von Loder; siehe S. 94, Anmerkung 131.

4 Versuche über die gereizte Muskel- und Nervenfaser, nebst Vermuthungen über den chemischen Proceß des Lebens in der Thier- und Pflanzenwelt. Bd. 1–2, Posen, Berlin 1797[–1798].

Brief 22

1 Friedrich Frh. von Schuckmann (1755–1834), preußischer Staatsmann. Humboldt kannte ihn von seiner Zeit in den fränkischen Fürstentümern her.

um zu denken, daß wissenschaftliche Zwecke mich von den rein menschlichen abführen sollten? Nein, mein Teurer, und wenn ich jahrelang von Ihnen getrennt sein werde, so wird mein Herz doch nie aufhören, sich dem Ihrigen nahe zu fühlen. Freilich hätte ich Ihnen früher ein Zeichen meiner Existenz geben, Ihren launigen Brief nicht so lange unbeantwortet lassen sollen. Sie haben mich aber selbst verwöhnt, um mir so etwas gegen Sie zu erlauben, um es mir mit dem vollen Gefühle meines Unrechts zu erlauben. Sie kennen meine geschäftlose Geschäftigkeit, dies Treiben und Laufen, was mich immer beginnen und nie vollenden läßt. Ich war nie so gespannt, so arbeitsam, so unternehmend als grade hier. Ich wollte Ihnen einen interessanten Brief über mich selbst und meine Lage schreiben. Mit dem besten Willen versäumt man die Zeit, man wird von einer gemeinen Scham gefoltert – und dann bleibt nichts übrig, als gutmütig sein Unrecht zu gestehen.

Ich belästige Sie mit Entschuldigungen, die Ihnen diese Zeilen doch nicht willkommen machen werden. Ich würde mich auf die Fürsprache Ihrer Gattin und Schwester beziehen, wenn ich nicht vermutete, daß Sie nun schon ganz allein sind, daß der größte Teil Ihrer Familie nach Schlesien abgereist ist. Ich denke Sie mir, wie Sie allein in Ihrem weiten Garten sich der Blüten erfreuen. Ich stand auch einst mit Ihnen unter jenen blühenden Kirschbäumen! Wann kommt die schöne Zeit wieder? Der herannahende Friede[2] beschleunigt meine Abreise aus Deutschland. Ich werde mich vom 1. Junius an noch einige Wochen in Dresden und Freiberg aufhalten, um mich mit meinem großen Sextanten (ich habe einen 14zölligen) unter Köhlers[3] Aufsicht mehr einzuarbeiten und um von Werner zu lernen, »Wie die Vulkane entstanden sind«. Im Anfang September denke ich in Venedig zu sein und werde dann den Winter wahrscheinlich in Neapel zubringen.[4] Meine Gesundheit steht im ganzen gut, und ich hoffe, daß mich nichts an der Ausführung meiner größeren Reise hindern soll. Ich habe hier 2 junge Mediziner von St. Thomas[5] ge-

2 Dem am 7. April abgeschlossenen Waffenstillstand folgte der Friedensschluß zwischen Frankreich und Österreich am 17.10.1797 (Friede von Campo Formio).

3 Johann Gottfried Köhler (1745–1801), Inspektor des astronomischen und mathematischen Salons in Dresden.

4 Dieser Plan eines Abstechers nach Italien konnte nicht verwirklicht werden. Humboldt konnte erst im Sommer 1805 den Vesuv besteigen.

5 Johann Christian Keutsch (geb. etwa 1780) und sein Bruder Johann Matthias Friedrich (1775–1815) von der damals dänischen Jungferninsel St. Thomas.

funden, mit denen ich viel gearbeitet. Beide gehen in 2 Jahren nach Westindien zurück, vielleicht werde ich mit ihnen reisen.[6] Auf jeden Fall ist mir diese Bekanntschaft sehr wichtig sowie die Aussicht, daß ein sehr reicher junger Russe, Böhtlingk[7] aus Petersburg, ein Mensch, mit dem ich in Hamburg 1 Jahr lang auf einem Zimmer wohnte, wahrscheinlich mit mir geht,[8] jener Expedition mehr Sicherheit gibt. Ich unterhalte Sie mit Fleiß von diesem Plane, nicht als wenn ich nicht fühlte, daß es Sie schmerzt, mich so weit von Ihnen entfernt zu wissen, sondern weil ich überzeugt bin, daß Sie eine zu hohe Meinung von der inneren Bestimmung des Menschen haben, um nicht an jener Unternehmung Interesse zu finden.

Ich bin jetzt recht eigentlich mit Lernen und Ordnen des Gelernten beschäftigt. Ich muß gewaltig arbeiten, um mich so zu rüsten, als ich es vorhabe; daher wundern Sie sich nicht, mein Lieber, wenn Sie ewig [?] von neuen Arbeiten hören. Freilich kann ich nicht existieren, ohne zu experimentieren, aber der eigentliche Zweck meines Treibens ist es jetzt nicht! Von meinem Buche[9] werde ich Ihnen den ersten Band, der an 34 Bogen stark wird, in wenigen Wochen schicken, an dem 2ten wird ebenfalls schon gedruckt. Es sind mir hier Versuche geglückt, an denen ich sonst gezweifelt hätte. [...]

Mit dem Barometer geht es vortrefflich.[10] Ich habe alle Maulwurfshügel hier herum gemessen, und das Barometer korrespondiert trefflich, wenn man es auch 20mal auf- und zuschraubt. Durch korrespondierende Messungen auf 3 Stationen habe ich aber leider entdeckt (was andere auch schon vermutet), daß in geringen Entfernungen von 1 bis 2 Stunden die Barometer nicht gleichzeitig steigen und fallen, wodurch ein Fehler der Rechnung entsteht, der unendlich wichtiger als der verschrieene der Temperatur ist. Das Stativ zum Bar[ometer] habe ich verbessert, da mir Schröter[11] in Gotha, statt der senkrechten Schrauben, ein Plättchen macht, welches durch horizontale konische Schrauben horizontal gestellt werden kann. Zur Messung der

6 Aus diesem Plan wurde nichts.

7 Nicolaus Diedrich Böhtlingk (1773–1839), Kaufmann in Petersburg.

8 Auch diese Absicht kam nicht zur Verwirklichung.

9 Siehe Anmerkung 4 zu Brief 21.

10 Barometrische Höhenmessungen wurden zu einem wichtigen Bestandteil des Programms auf Humboldts Forschungsreisen.

11 Dieser Mechaniker erfreute sich eines vorzüglichen Rufes. Vornamen und Lebensdaten sind nicht bekannt.

Luftelektrizität habe ich jetzt den ganzen Saussureschen Apparat[12] mit zusammengeschobenen 5–6 Fuß langen Spitzen, alles in der Tasche tragbar. Wenn ich die E[lektrizität] durch brennenden Zunder einleite, so habe ich im Freien zu jeder Stunde des Tages elektrische Erscheinungen. Heute ist, nach dem gestrigen Gewitter, gar negative E[lektrizität], die sich vielleicht alle Jahre ohne Regen nur 1–2mal zeigt. Ich verspreche mir von diesem sauberen Apparat in der Nähe der Vulkane und in den heißen Zonen (wo ich Eudiometer-Versuche[13] damit verbinde) sehr viel. Ich habe auch die Saussuresche Bleikugel, welche mittels 40 F[uß] langem Silberdraht mit dem Elektroskop[14] verbunden ist und die E[lektrizität] aus 40 Fuß Höhe (in die man sie schleudert) herabzieht. In der Folge denke ich mich, da man bei Windstille einen Drachen nicht steigen lassen kann, statt der Bleikugel eines Vogels zu bedienen, dessen Rücken mit einer Spitze armiert ist und den ich im Freien fliegen lasse. Gestern wurde hier ein armer Ackersmann samt seiner Frau vom Gewitter erschlagen. Ich habe den Mann zum Teil selbst seziert. Es war wieder merkwürdig darum, wie gewaltig die Knochen die E[lektrizität] leiten. Das Hinterhauptbein war vom Blitz wie von Schrotkörnern durchbohrt! Auch trat schon nach 12 Stunden Fäulnis ein. Beim Mann und bei der Frau hatten die pudenda[15] wieder am meisten gelitten, was nicht von den Haaren herrührt, denn unter dem Arm hatten die Haare den Strahl nicht herbeigezogen.

Ich schreibe Ihnen einen Brief wie eine Zeitung. Müssen Sie doch Hrn. Engelhardts opus selbst zensieren![16]

Goethe[17] ist meist hier, er hat sein großes Heldengedicht Hermann und Dorothee nun vollendet. Es gehört zu dem schönsten, was er je geliefert und zeigt ihn in der ganzen Fülle seiner Jugend. In 6 Wochen war dies Meisterwerk begonnen und vollendet. Jetzt ist ein zweites schon unter der Feder. Sie werden erstaunen, wie im Hermann eine einfache Geschichte aus der Bürgerwelt homerisch behandelt ist und behandelt werden konnte. Schiller[18] arbeitet noch immer an seinem Trauerspiele

12 Horace-Bénédict de Saussure; siehe S. 55, Anmerkung 65.
13 Untersuchungen der Luft zur Bestimmung ihres Sauerstoffgehalts.
14 Instrument zur Bestimmung der elektrischen Spannung.
15 Schamteile.
16 Engelhardt gab die Bayreuther »Volkszeitung« heraus.
17 Johann Wolfgang von Goethe (1749–1832), der Dichter und Naturforscher.
18 Friedrich von Schiller (1759–1805), der Dichter.

Wallenstein. Mein Bruder Wilhelm hat viele Chöre aus den Tragikern fertig, auch den ganzen Agamemnon des Äschylus. Letzter wird bald gedruckt werden.[19] Sie sehen, mein Lieber, daß hier alles in gutem Zuge ist. Ich verlasse diesen Ort mit Wehmut. Wo findet man alles so vereint wieder? Goethe geht wahrscheinlich noch im Sommer nach Italien. Ich war vor kurzem 8 Tage lang bei ihm.[20] Er hat mit Wärme von Ihnen gesprochen.

23

An Carl Freiesleben

La Coruña, 4.6.1799

Humboldt 1973, S. 680

Im Augenblick, da ich mich nach Mexiko einschiffe,[1] muß ich noch einmal, guter Herzens-Freiesleben, mein Andenken in Dir zurückrufen. Ich wollte Dir einen langen, langen Brief schreiben, aber der Wind hat sich so schnell günstig geändert, daß mir nur wenige Minuten übrig bleiben. Du weißt aus meinem letzten Briefe aus Barcelona, daß ich 2 Monate vergeblich in Marseille auf die Schwed[ische] Fregatte Jaramas wartete, welche mich nach Algier führen sollte, von wo aus ich mit der Karawane von Mekka den Landweg nach Kairo antreten wollte. Ich ging nach Spanien, um von dort aus nach Marokko zu reisen. Ein franz[ösischer] Botanist, Bonpland,[2] ein guter Mensch, der mich aber seit 6 Monaten sehr kalt läßt, das heißt, mit dem ich ein bloß wissenschaftl[iches] Verhältnis habe, begleitet mich. Ich trat in Madrid in die große Gesellschaft. Der Sächs[ische] Gesandte Forell[3] und eine Ministerial-Veränderung war mir sehr günstig. Der neue Günstling Urquijo[4] empfahl mich dem König[5] und der Königin.[6] Ich wurde beiden vorgestellt, die Gunst am

19 Wilhelm von Humboldts Übersetzung des »Agamemnon« des griechischen Tragikers Aischylos (525–457 v. u. Z.) erschien erst 1816 in Leipzig.

20 Humboldt war von Jena aus nach Weimar gereist und hatte sich dort vom 18. bis zum 25.4.1797 aufgehalten.

Brief 23

1 Die Abfahrt erfolgte am nächsten Tag.

2 Aimé Bonpland; siehe S. 30, Anmerkung 46.

3 Philipp Baron von Forell; siehe S. 59, Anmerkung 105.

4 Mariano Luis de Urquijo; siehe S. 59, Anmerkung 104.

5 Karl IV. von Spanien (1748–1819).

6 Luise von Spanien (1751–1819).

Hofe wuchs, und ich erhielt, was Spanier selbst für unmöglich hielten, die vollste Erlaubnis, mit allen Instrumenten, wie ich will, in allen Span[ischen] Kolonien zu arbeiten, zu messen. Mit königl. Empfehlungen an alle Vizekönige segeln wir nun nach Havanna und Mexiko ab; von dort aus denke ich, Kalifornien, Panama, den Vulkan von Tonguragua, Peru, ... in 3–4 Jahren zu besuchen. Welch ein Glück ist mir eröffnet! Mir schwindelt der Kopf vor Freude. Ich gehe ab mit der Span[ischen] Fregatte Pizarro; wir landen vorher in den Kanarien und an der Küste Caracas in Süd-Amerika. Die Nachricht von der persönlichen Gunst des Königs, meine Fertigkeit, Spanisch zu reden, und der edle, brave, echt dienstfertige span[ische] Charakter läßt mich gute Aufnahme in jener Hemisphäre hoffen. Welchen Schatz von Beobachtungen werde ich nun nicht zu meinem Werke über die Konstruktion des Erdkörpers sammeln können! Von dort aus mehr, mein guter Herzensfreund. Der Mensch muß das Gute und Große wollen. Das Übrige hängt vom Schicksal ab. Wie es mir auch gehe, so wird der Gedanke an Dich, an das, was wir uns waren, wie Du wohltätig auf mich gewirkt, mich nie, nie verlassen.

24
An Ludwig Bollmann[1]
Cumaná, 15. 10. 1799
Holland 1914

Acht oder neun Jahre liegen zwischen diesem Augenblick und dem Zeitpunkte, da wir (in der Blüte unserer frühesten Jugend) manchen schönen Wintertag an den Ufern der Elbe miteinander erlebten. Ich mag und kann nicht denken, lieber Bollmann, daß Sie mich ganz vergessen haben. [...]

Ich habe, bald des Bergbaus wegen, bald einem Gesandten in polit[ischen] Geschäften folgend, den größeren Teil von Europa mehrmals durchstreift, Frankreich, England, Holland, Italien, Polen, Ungarn, ... Im Besitz eines ansehnlichen Vermögens nach dem Tode meiner Mutter,[2] habe ich meine Stelle in

Brief 24

1 Ludwig Bollmann (1773–1818), amerikanischer Kaufmann deutscher Herkunft. Humboldt hatte 1790 in Hamburg seine Bekanntschaft auf der Handelsakademie gemacht.

2 Marie Elisabeth von Humboldt, geb. Colomb, war am 19. 11. 1796 gestorben.

preuß[ischen] Diensten aufgegeben, um als Privatmann und als Bürger eines Staates, von dessen Freiheit wir damals träumten, halb wachend [mich] oft noch träumt, ein menschliches, freies, hilfreich-nützliches Leben zu führen.

Ich brachte das letzte Jahr in Frankreich zu, wo ich, auf das liebreichste aufgenommen, im Begriff, meinem Freunde, dem General Desaix[3] nach Oberägypten zu folgen, von dem Direktorium zu einer Reise um die Welt unter dem Cap[itaine] Baudin[4] berufen ward. Mit den Zurüstungen zu einer fünfjährigen Reise beschäftigt, störte ein durch die gleiche Unmoralität der Republik und monarchischer Verfassungen erregter blutiger Krieg[5] alle meine Pläne. Ich blieb zwei Monate in Marseille, um mich nach Algier einzuschiffen und von dort mit den Karawanen nach Ägypten zu reisen. Sie wissen, welche Greuel unter englischem (?) Einfluß[6] in Algier ausgeübt wurden. Mein Genius hat mich von der berberischen Küste abgehalten. Die schwedische Fregatte, die mich abholen sollte, ging unter.

Entschlossen, meine Jugendjahre tätig zuzubringen, und begierig, Europa auf viele Jahre zu verlassen, begab ich mich mit dem großen Vorrat gesammelter Instrumente nach Madrid, wo ich durch persönl[iche] Zuneigung des Königs, durch Bekanntschaft mit dem dort herrschenden 27-jähr[igen] Minister eine Erlaubnis sonder Beispiel erlangt habe, alle ersinnlichen physik[alischen] naturhistor[ischen] Untersuchungen in den span[ischen] Kolonien anzustellen.

Mein Plan ist, die hiesige Küste, die Kapuziner-Missionen am Guarapiche und im Paria (von wo ich eben zurückkomme), den Orinoko, Kuba, Mexiko, Quito, und dann entweder Cap de B[onne-]Espér[ance][7] oder Buenos Aires [zu besuchen] …

Dieses Unternehmen ist für einen Privatmann etwas groß, aber einem großen Plane unterliegen, ist nicht Schande. Welche glücklichen Tage habe ich in Teneriffa, wo ich den Pic bestieg, welche in den tausendjährigen Wäldern dieser Gebirgskette zu-

3 Louis Charles Antoine Desaix de Voygoux; siehe S. 93, Anmerkung 122. Humboldt hatte im Juli 1796 seine Bekanntschaft gemacht, als er über die Beachtung der Neutralität der fränkischen Fürstentümer mit den Franzosen verhandelte.

4 Thomas Nicolas Baudin; siehe S. 29, Anmerkung 43.

5 Dürfte sich auf den französischen Eroberungskrieg im östlichen Mittelmeer beziehen.

6 Das Fragezeichen soll andeuten, daß Humboldt sich nicht sicher ist, ob die Verfolgung der Franzosen in Algier durch England veranlaßt worden war.

7 Kap der Guten Hoffnung. Aus diesem Plan wurde nichts; auch Argentinien hat Humboldt nicht besucht.

Humboldt und Bonpland in der Urwaldhütte.
Gemälde von Eduard Ender (1822–1883)

Schmetterlinge.
Die linke Spalte zeigt die Oberseite,
die rechte die Unterseite (In: Alexander von Humboldt,
Recueil d'observations de zoologie et d'anatomie comparée,
Bd. 1, Paris 1811, Tafel XXXV)

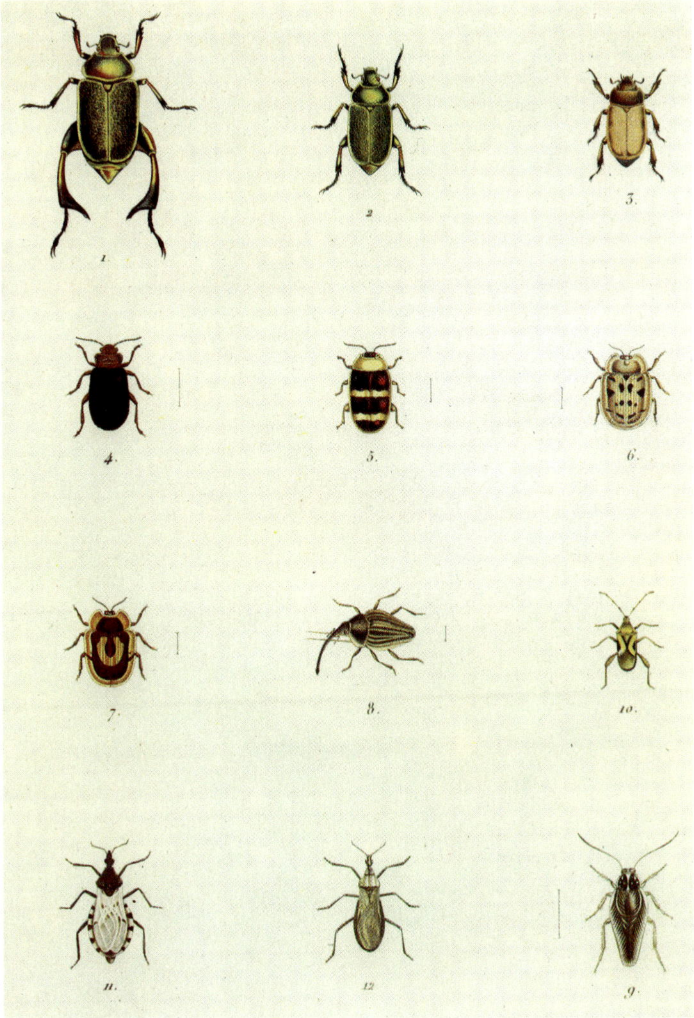

Käfer
(Ebenda, Tafel XV)

Kondor
(Ebenda, Tafel VIII)

Wollaffe
(Ebenda, Tafel XXX)

Prestonia mollis
(In: Alexander von Humboldt, Nova genera
et species plantarum, Paris 1818/20, Bd. 3, Tafel 242)

Myrtus bicolor
(Ebenda, Bd. 6, 1823/24, Tafel 540)

Pflanzengeographisches Profil der Anden.
Das von Humboldt entworfene Bild gibt einen Querschnitt durch Südamerika mit verkürzter Amazonasniederung wieder, wobei die in den einzelnen Höhen charakteristischen Pflanzenarten eingetragen sind
(In: Alexander von Humboldt, Tableau physique des Andes et pays voisins, Paris 1807)

gebracht![8] Und doch bin ich erst seit dem Juli in diesem Weltteil. Eine größere, üppigere, wunderbarere Natur ist kaum denkbar, aber die Menschen [...]

Ein sehr geschickter Naturalist,[9] auch zur verfehlten Reise um die Welt bestimmt,[10] begleitet mich. Dieser Umstand und die gute Aufnahme, welche mir die königl[ichen] Empfehlungen verschaffen, machen manches erträglich. Aber so geläufig ich auch Spanisch rede, so sehr ich auch die Biederkeit des span[ischen] Charakters zu schätzen weiß, so ist ein freidenkendes deutsches Gemüt auf spanischem Boden doch in sich eingeengt und vergraben. [...]

Schreiben Sie mir ja, mein Lieber, und, wenn Sie können, zwei Briefe, da einer leicht verloren geht. Adressieren Sie nach Havanna [...]

Da die Korrespondenz mit Europa so unterbrochen ist und so viele Menschen sich für meine Reise interessieren, so bitte ich Sie, in ein oder zwei der gelesensten amerikanischen Zeitungen (solche, die nach England gehen) die simple Notiz einrücken zu lassen, »daß H[umboldt], nachdem er physikal[ische] und mineralogische Beobachtungen auf dem Gipfel des Pico von Teneriffa angestellt, sehr gesund und glücklich Anfang Juli mit der Sammlung seiner physik[alischen] und astron[omischen] Instrumente in dem Hafen von Cumaná angelangt sei, von wo aus er (ich habe Gründe zu diesem Zusatz) under the protection of his Cathol. Majesty[11] bereits seine Arbeiten in den Gebirgen von Paria und Nueva Andalucia angefangen. Er wird von hier nach Mexiko abgehen«. –

Verzeihen Sie, lieber Bollmann, diesen kleinen Auftrag, und lassen Sie (um Mißdeutungen zu vermeiden) den Artikel so einrücken, daß er nicht [wie] von mir eingeschickt aussieht. [...]

Der Zustand, ich meine: der sittliche Zustand, von Europa war, als ich es verließ (ich verließ Frankreich im Dezember [17]98, Coruña d[en] 4. Juni), fürchterlich. Ein fühlender Mensch wußte [nicht], ob er die mehr verachten sollte, die dem menschl[ichen] Geiste Fesseln anlegen, oder den Haufen derer, welche, im Besitz der Freiheit, sie mit Gleichgültigkeit von sich stoßen. Ich unterscheide Individuen von den Massen, aber als Masse betrachtet, ist republikan[ische] Denkart jetzt in Frank-

8 Humboldt hatte vom 19. bis zum 25. 6. 1799 auf Teneriffa geweilt.

9 Gemeint ist Bonpland.

10 Bezieht sich auf die oben erwähnten Baudinschen Pläne.

11 Unter dem Schutz ihrer Katholischen Majestät.

reich eben so viel als in China oder Hindustan. Wer dies Land 1789 sah und der Geschichte der Revol[ution] gefolgt ist, hat davon kaum einen Begriff, und bei einem Volksfeste, wo das Volk die Sinnbilder der Freiheit zu verhöhnen zusammengekommen scheint, sagte Sieyès[12] mit Recht die fürchterlichen Worte: »Freiheit diesem Volk? Nein, ein goldenes Kalb!« So ist es jetzt, aber es wird nicht immer so sein, und die Abschaffung des Feudalsystems, das geheiligte Recht der Gleichheit wird die Menschen glücklicher und besser machen.

Es ist nicht bloße Eitelkeit, daß ich das hinzufüge, aber es ist so natürlich, von dem zu sprechen, womit man viele Jahre beschäftigt ist: Ich habe in den letzten Jahren ein großes Werk über das Leben in zwei Bänden herausgegeben, das wegen einzelner, sehr wunderbarer Versuche einen großen Ruf hat, wie ich aber glaube, aus einem höheren Gesichtspunkt betrachtet Aufmerksamkeit verdient. Ideen können nur nützen, wenn sie in vielen Köpfen lebendig werden. Sie haben in Nordamerika physiolog[ische] Schriftsteller, in deren Köpfen ich meinen Ideen Leben wünschte. Das Werk heißt: Versuche über die gereizte Muskel- und Nervenfaser nebst Vermutungen über den chemischen Prozeß des Lebens in der Tier- und Pflanzenwelt, Berlin bei Rottmann.[13] Es ist ins Französ[ische] (Humboldt, Recherches sur le galvanisme) und, ich glaube, jetzt auch ins Engl[ische] übersetzt. Ich habe kein Exemplar mehr; vielleicht kennen Sie einen Buchhändler, der das Buch oder die Übersetzung kommen ließ, und vielleicht veranlassen Sie gelegentlich dessen Verbreitung.

25
An Carl Ludwig Willdenow
Havanna, 21. 2. 1801

Bruhns 1872, 2, S. 335–344

Ungewiß, ob diese Zeilen, wie so manche andere, die ich aus dieser Tropenwelt an Dich gerichtet, verloren gehen, schränke ich mich bloß auf die Bitte ein, die ich zu tun habe. Auf einer Reise um die Welt zu einer Zeit, wo das Meer von Raubgesindel wimmelt, wo neutrale Pässe so wenig als neutrale Schiffe re-

12 Emmanuel-Joseph Comte Sieyès (1748–1836), französischer Politiker; Vertreter der liberalen Mitte während der Revolution.

13 Posen, Berlin 1797[–1798].

spektiert werden, beschäftigt mich nichts so ängstlich, als die Rettung meiner Manuskripte und Herbarien. Es ist sehr ungewiß, fast unwahrscheinlich, daß wir beide, Bonpland und ich, lebendig über die Philippinen und das Kap der Guten Hoffnung zurückkehren. Wie traurig wäre es in dieser Lage, die Früchte seiner Arbeiten verloren gehen zu sehen.

Um dies zu vermeiden, haben wir von unseren Pflanzenbeschreibungen (zwei Bände enthalten heute 1400 Species, bloß seltene und neue) Abschrift genommen. Ein Manuskript behalten wir bei uns, die Kopie senden wir teilweise durch die französischen Vizekonsuln nach Frankreich an Bonplands Bruder nach La Rochelle. Die Pflanzen haben wir in drei Sammlungen verteilt, da wir Dubletten und Tripletten von allen haben. Ein Herbarium in kleinem Format schleppen wir mit uns um die Welt, um zu vergleichen. Ein zweites (Bonpland gehörig, mit dem ich natürlich alles teile) ist bereits nach Frankreich abgegangen, und das dritte (in zwei Kisten mit Kryptogamen und Gräsern, 1600 verschiedene Species enthaltend, meist aus den unbekannten Teilen der Parime und Guayana zwischen dem Río Negro und Bresil,[1] wo wir voriges Frühjahr waren) sende ich heute durch Mr. John Fraser[2] über Charleston nach London. Durch Vervielfältigung vermindern wir die Gefahr.

Meine Idee ist, da meine Reise so viele Gegenstände umfaßt, welche unmöglich denselben Leser interessieren können, die Beobachtungen in verschiedenen Teilen dem Publikum vorzulegen, also z. B. eine eigentliche Reise[beschreibung], physisch-moralisch, bloß die allgemeinen Verhältnisse schildernd, das, was jeden gebildeten Menschen interessiert, Charakter der indianischen Völkerschaften, Sprachen, Sitten, Handel der Kolonien, Städte, Ansicht des Landes, Ackerbau, Höhen der Berge, bloß Resultate, Meteorologie – dann in besonderen Bänden: 1) Konstruktion des Erdkörpers, Geognosie. 2) Astronomische Beobachtungen; Latituden und Longituden,[3] Jupiterbeobachtungen, Refraktion, ... 3) Physik und Chemie: Versuche über die chemische Beschaffenheit des Luftkreises, Hygrometrie,[4] Elektri-

Brief 25

1 Brasilianischen Boden hat Humboldt nicht betreten, zu seinem Glück, denn es war ein Haftbefehl gegen ihn erlassen, falls er die Grenze der damals portugiesischen Kolonie überschreiten sollte.

2 John Fraser (1750–1811), englischer Botaniker und Reisender.

3 Breiten- und Längenmessungen; d. h. geographische Ortsbestimmungen.

4 Feuchtigkeitsmessungen.

zität, barometrische, pathologische Beobachtungen, Irritabilität.[5] 4) Beschreibung von neuen Spezies: Affen, Krokodile, Vögel, Fische, Insekten, ..., Anatomie der Seegewürme. 5) Das botanische Werk gemeinschaftlich mit Bonpland, und zwar nicht bloß nova genera und species,[6] sondern, nach Folge des Linnéschen Systems,[7] Beschreibung, Aufzählung aller Species, über die wir mehr als andere gesehen, wie ich hoffe an 5 bis 6000 Spezies, denn in Manila, Ceylon wird die Beute sehr, sehr groß sein.[8] Dies, mein Guter, ist mein Plan im allgemeinen.

Sterbe ich, so wird Delambre[9] meine astronomischen, Freiesleben oder Buch[10] meine geognostischen, Scherer[11] meine physikalischen und chemischen, Blumenbach[12] meine zoologischen Manuskripte, und Du, mein Guter (so hoffe ich), meine botanischen unter Bonplands und meinem Namen edieren. Mein Bruder wird jedem die Manuskripte zukommen lassen.

Ich bleibe meinem alten Versprechen getreu, daß alle, alle in dieser Reise gesammelten, mir gehörigen Pflanzen Dein sind. Ich will nie etwas besitzen. Nur muß ich Dich bitten, da ich mir nach meiner Zurückkunft die Publikation vorbehalte, mein Herbarium vor dieser Publikation oder vor meinem Tode nicht Deiner Sammlung einzuverleiben.

Die zwei Kisten (1600 Spezies), welche ich heute Herrn Fraser anvertraue, habe ich nicht unmittelbar nach Hamburg adressieren wollen, nicht bloß weil kein spanisches Schiff in neutrale Häfen einläuft, sondern weil ich nicht weiß, ob Du es nicht für sicherer hältst, die Kisten bei Fraser bis zum Frieden stehen zu lassen. [...] Ich habe Ursache zu glauben, daß meine Pflanzen bei diesem Manne wohl aufgehoben sind, da ich ihm mehrere, sehr wesentliche Dienste geleistet. [...]

Unbekannt mit der Schwierigkeit, ohne Erlaubnis des Königs von Spanien in die Kolonien einzudringen, kam Fraser nach Havanna, um hier Pflanzen zu sammeln. Er litt Schiffbruch,

5 Reizbarkeit, insbesondere der Muskeln.

6 Neue Gattungen und Arten.

7 Von Karl von Linné; siehe S. 32, Anmerkung 6.

8 Die Absicht Humboldts, über Asien nach Europa zurückzukehren, wurde nicht realisiert.

9 Jean Baptiste Joseph Delambre; siehe S. 57, Anmerkung 87.

10 Leopold von Buch (siehe S. 65, Anmerkung 4), Freund Humboldts seit dem gemeinsamen Studium auf der Bergakademie in Freiberg.

11 Alexander Nicolaus Scherer (1771–1824), Chemiker in Jena und Weimar, ging später nach Rußland.

12 Johann Friedrich Blumenbach; siehe S. 52, Anmerkung 19.

brachte drei unglückliche Tage auf einer Sandbank, 10 Meilen vor der Küste zu, wurde endlich von Fischern von Mantazas gerettet und kam, von allem entblößt, hier an. Sein Name und sein Gewerbe waren genug, um mir ihn zu empfehlen. Ich nahm ihn in mein Haus auf, unterstützte ihn mit Geld und mit allem, wessen er bedurfte, und verschaffte ihm durch meine Verbindung die Erlaubnis, die Insel Kuba zu bereisen. [...] Ich darf hoffen, daß er und sein sehr liebenswürdiger Sohn alles aufbieten werden, um mir gefällig zu sein. Ich habe dem Vater vorgeschlagen, den Sohn in meine Expedition aufzunehmen und ihn mit nach Mexiko zu nehmen, aber der junge Mensch fürchtet die Spanier, deren Sprache er nicht versteht, und eilt nach London, um seine in Kentucky gesammelten Pflanzen zu beschreiben. Ich gehe von hier über Mexiko und Kalifornien nach Acapulco, um dort mit dem Kapitän Baudin die Reise um die Welt zu vollenden.[13]

Ich habe Dir gesagt, mein Lieber (verzeih mein elendes Deutsch, da ich seit zwei Jahren ewig spanisch und französisch spreche), daß ich meine Pflanzen nach meiner Rückkunft selbst zu publizieren denke. Solltest Du indes in den zwei Kisten, die Fraser Dir einhändigen kann, neue Spezies entdecken, die Deine Aufmerksamkeit besonders auf sich ziehen, so steht es natürlich ganz in Deinem Willen, einzelne derselben, nur nicht viele und alle, in Deine vortreffliche Ausgabe der Spezies einzuschalten. Im Gegenteil, es wird uns (Bonpland und mir) sogar eine besondere Ehre sein, von Dir in so einem Werke erwähnt zu werden. Ich sage mit Fleiß, nur nicht viele und alle, weil es unmöglich ist, nach trockenen Exemplaren so gut zu beschreiben, als nach dem, was wir in der Natur selbst aufgezeichnet. [...] Ich glaube, mit Bonpland sehr genaue Diagnosen niedergeschrieben zu haben, wir wagen es aber noch nicht zu bestimmen, wie viele neue Genera wir besitzen. [...]

Ich bin fest entschlossen, während der fünf bis sechs Jahre, die meine Reise dauern wird, der Versuchung zu widerstehen, irgendetwas zu publizieren. Ich bin gewiß, daß zwei Drittel unserer neuen Genera und Spezies, wenn wir nach Europa zurückkehren, als uralt erkannt werden, aber die Wissenschaft gewinnt immer in so entlegenen Ländern durch Aufzeichnung neuer, nach der Natur gemachter Beschreibungen. Welch ein Schatz von Pflanzen in dem wunderbaren, von so vielen neuen Affenar-

13 Der Plan, sich unterwegs der Baudinschen Expedition anzuschließen, wurde nicht verwirklicht.

ten bewohnten Lande zwischen dem Orinoko und dem Amazonenstrome, in welchem ich 1400 geographische Meilen[14] zurückgelegt habe! Kaum ein Zehntel von dem, was wir gesehen, habe ich gesammelt. Ich bin nun völlig von dem überzeugt, was ich in England noch nicht glaubte, aber schon aus Ruíz'[15] und Pavóns,[16] Nées[17] und Haenkes[18] Herbarien schloß, daß wir nicht drei Fünftel aller existierenden Pflanzenspezies kennen. Welche wundersamen Früchte, von denen wir, als wir vom Äquator zurückkamen, eine große Kiste voll nach Madrid und Frankreich gesandt haben! [...]

Aber ach, mit Tränen fast öffnen wir unsere Pflanzenkisten! Unsere Herbarien haben dasselbe Schicksal, über das bereits Sparrmann,[19] Banks,[20] Swartz[21] und Jacquin[22] geklagt haben. Die unermeßliche Nässe des amerikanischen Klimas, die Geilheit der Vegetation, in der es so schwer ist, alte ausgewachsene Blätter zu finden, haben über ein Drittel unserer Sammlungen verdorben. Täglich finden wir neue Insekten, welche Papiere und Pflanzen zerstören. Kampfer, Terpentin, Teer, verpichte Bretter, Aufhängen der Kisten in freier Luft, alle in Europa ersonnenen Künste scheitern hier und unsere Geduld ermüdet. Ist man vollends drei bis vier Monate abwesend, so erkennt man sein Herbarium kaum wieder. Von acht Exemplaren muß man fünf wegwerfen, zumal in der Guayana, dem Dorado und dem Amazonenlande, wo wir täglich im Regen schwammen.

Vier Monate hindurch schliefen wir in Wäldern, umgeben von Krokodilen, Boas und Tigern[23] (die hier selbst Kanus anfallen); nichts genießend als Reis, Ameisen, Maniok, Pisang, Orinoko-

14 Die von Humboldt benutzte französische geographische Meile entsprach rd. 4,45 km. Es kann nicht gesagt werden, welche Teile seiner Reisen im heutigen Venezuela in obige Rechnung eingingen. Immerhin scheint die Angabe zu hoch zu sein.

15 Hipolíto Ruíz López (1750–1815), leitete 1781/88 eine botanische Expedition nach Peru und Chile.

16 José Pavón (18. Jh.) war an der vorerwähnten Expedition maßgeblich beteiligt.

17 Louis Née (18. Jh.), französischer Botaniker und Forschungsreisender in Südamerika.

18 Thaddäus Haenke (1761–1816), aus Böhmen stammender Botaniker, der in Südamerika Forschungsreisen unternahm.

19 Andreas (Anders) Sparrman(n); siehe S. 38, Anmerkung 50.

20 Sir Joseph Banks; siehe S. 32, Anmerkung 4.

21 Olof Swartz (1760–1818), schwedischer Botaniker und Forschungsreisender.

22 Nikolaus Joseph Edler von Jacquin; siehe S. 56, Anmerkung 73.

23 Gemeint ist der Jaguar.

wasser und bisweilen Affen, [...] an Händen und Gesicht von Moskitostichen geschwollen. In der Guayana, wo man wegen der Moskitos, die die Luft verfinstern, Kopf und Hände stets verdeckt haben muß, ist es fast unmöglich, am Tageslicht zu schreiben; man kann die Feder nicht ruhig halten, so wütend schmerzt das Gift dieser Insekten. Alle unsere Arbeit mußte daher beim Feuer, in einer indianischen Hütte, vorgenommen werden, wo kein Sonnenstrahl eindringt und in welche man auf dem Bauche kriechen muß. Hier aber erstickt man wieder vor Rauch, wenn man auch weniger von den Moskitos leidet. In Maipures retteten wir uns mit den Indianern mitten in den Wasserfall, wo der Strom rasend tobt, wo aber der Schaum die Insekten vertreibt. In Higuerote gräbt man sich nachts in den Sand, so daß bloß der Kopf hervorragt und der ganze Leib mit drei bis vier Zoll Erde bedeckt bleibt. Man hält es für eine Fabel, wenn man es nicht sieht. Sonderbar ist es, daß da, wo die schwarzen Gewässer, eigentlich die kaffeebraunen Flüsse (Atabapo, Guainia usw.) anfangen, weder Moskitos noch Krokodile gefunden werden. [...]

Meine Gesundheit und Fröhlichkeit hat trotz des ewigen Wechsels von Nässe, Hitze und Gebirgskälte sichtbar zugenommen, seitdem ich Spanien verließ. Die Tropenwelt ist mein Element, und ich bin nie so ununterbrochen gesund gewesen, als in den letzten zwei Jahren.

Ich arbeite sehr viel, schlafe wenig, bin oft bei astronomischen Beobachtungen vier bis fünf Stunden lang ohne Hut der Sonne ausgesetzt. Ich habe mich in Städten aufgehalten, wo das gräßliche gelbe Fieber wütete, und nie, nie hatte ich auch nur Kopfweh. Nur in St.-Thomas d'Angostura,[24] der Hauptstadt von Guayana, und in Nueva Barcelona hatte ich drei Tage lang Fieber, einmal am Tage meiner Rückkunft von Río Negro, da ich nach langem Hungern zum ersten Male und unmäßig Brot genoß; das andere Mal, als ich von einem hier stets fiebererregenden Staubregen bei Sonnenschein naß wurde. Am Atabapo, wo die Wilden stets am Faulfieber leiden, widerstand meine Gesundheit unbegreiflich gut.

Meine Aufnahme in den spanischen Kolonien ist so schmeichelhaft, als der eitelste und aristokratischste Mensch sich nur wünschen kann. In Ländern, in denen kein Gemeinsinn herrscht, und in denen alles nach Willkür gelenkt wird, entscheidet die Gunst des Hofes alles. Das Gerücht, daß ich von der Kö-

24 Ciudad Bolívar.

nigin und dem König von Spanien persönlich ausgezeichnet worden bin, die Empfehlungen eines neuen, allmächtigen Ministers, Don Urquijo, erweichen alle Herzen. Nie, nie hat ein Naturalist[25] mit solcher Freiheit verfahren können. Dazu ist die Reise bei weitem nicht so teuer, als man glauben möchte, wenn man hört, daß ich auf den Flüssen 24 Indianer viele Monate lang, im Innern oft 14 Maultiere für Pflanzen und Instrumente bedurfte ...

Meine Unabhängigkeit wird mir mit jedem Tag teurer, daher habe ich nie, nie eine Spur von Unterstützung irgendeines Gouvernements angenommen, und falls deutsche Zeitungen vielleicht einen englischen, mir übrigens sehr schmeichelhaften Artikel übersetzen, »daß ich mit Aufträgen vom spanischen Gouvernement reise und zu einem hohen Posten im Rate von Indien[26] bestimmt sei«, lache darüber wie ich. Falls ich glücklich nach Europa zurückkehre, so werden mich ganz andere Pläne beschäftigen, die mit dem Consejo de Indias[27] wenig zusammenhängen. Ein Menschenleben, begonnen wie das meinige, ist zum Handeln bestimmt, und sollte ich unterliegen, so wissen die, welche meinem Herzen so nahe sind als Du, daß ich mich nicht gemeinen Zwecken aufopfere.

Wir Ost- und Nordeuropäer haben übrigens seltsame, fast möchte ich sagen tolle Vorurteile gegen das spanische Volk. Ich habe nun zwei Jahre lang vom Kapuziner an (denn ich war lange in ihren Missionen unter den Chaymas-Indianern) bis zum Vizekönig, mit allen Menschenklassen genau verbunden gelebt, ich bin der spanischen Sprache jetzt fast so gut wie meiner Muttersprache mächtig und bei dieser genauen Kenntnis kann ich versichern, daß diese Nation trotz des Staats- und Pfaffenzwanges mit Riesenschritten ihrer Bildung entgegengeht, daß ein großer Charakter sich in ihr entwickelt. [...]

Mit meinem Reisegefährten Bonpland habe ich alle Ursache, überaus zufrieden zu sein. Er ist ein würdiger Schüler Jussieus,[28] Desfontaines,[29] Richards[30] ist überaus tätig, arbeitsam, sich leicht in Sitten und Menschen findend, spricht sehr gut spanisch, ist sehr mutvoll und unerschrocken – mit einem Worte, er hat

25 Naturforscher.
26 Die oberste spanische Kolonialbehörde.
27 Desgleichen.
28 Antoine Laurent de Jussieu; siehe S. 58, Anmerkung 93.
29 René Louiche Desfontaines; siehe S. 58, Anmerkung 89.
30 Louis Claude Marie Richard; siehe S. 97, Anmerkung 152.

vortreffliche Eigenschaften für einen reisenden Naturforscher. Die Pflanzen, die mit den Dubletten über 12 000 betragen, hat er allein getrocknet. Die Beschreibungen sind zur Hälfte sein Werk. Oft haben wir auch jeder besonders ein und dieselbe Pflanze beschrieben, um der Wahrheit desto gewisser zu sein. [...]

Und Du, mein Guter, wie führst Du im häuslichen stillen Glücke Dein arbeitsames Leben fort? Wie glücklich bist Du, diese undurchdringlichen Wälder am Rio Negro, diese Palmenwelt *nicht* zu sehen. Es würde Dir unmöglich scheinen, Dich nochmals an einen Kienenwald[31] zu gewöhnen. [...] Nur hier, hier in der Guayana, in dem tropischen Teile von Südamerika ist die Welt recht eigentlich grün. [...] Wenn ich an die Zeit zurückdenke, wo ich Dir Hordeum murinum[32] zu bestimmen brachte, wenn ich mich erinnere, daß das botanische Studium mehr als meine Reise mit Forster die Triebe in mir rege machte, die Tropenwelt zu besuchen, wenn ich in meiner Phantasie die Rehberge[34] und die Panke[35] mit den Katarakten von Atures und mit einem Hause von China (Cinchona alba),[36] in dem ich lange gewohnt, zusammenstelle, so kommt mir dies alles oft wie im Traume vor. Wie viele Schwierigkeiten habe ich überwunden! Vergeblich auf Baudins Reise um die Welt gewartet, dann Ägypten und Algier nur einen Schritt nahe, dann in Südamerika, und nun wieder in der Hoffnung, Baudin und Michaux[37] in der Südsee zu finden[38] – wie wunderbar ist ein Menschenleben verkettet. [...]

Träume ich mir dann bisweilen ein glückliches Ende dieser gefahrvollen Irrfahrt, träume ich mich an die Ecke der Friedrichstraße in Dein altes Zimmer, Deinem Herzen immer gleich nahe, mache ich mir diese Bilder recht lebhaft, oh dann wäre ich im Stande, das Ende dieser Reise näher heranzurücken und zu vergessen, daß in großen Unternehmungen die kalte Vernunft und nicht die Neigung den Entschluß leiten soll. Eine innere Stimme sagt mir, daß wir uns wiedersehen.

31 Kiefernwald.
32 Mauergerste (»Mäusegerste«).
33 1790 nach England.
34 Hügelchen im Norden Berlins, unweit der Straße nach Tegel.
35 Flüßchen, das in Berlin in die Spree mündet.
36 China-(Fieber-) Rindenbaum.
37 André Michaux; siehe S. 66, Anmerkung 11.
38 Siehe Anmerkung 13.

Von Jacquin[39] und van der Schot,[40] den ich so sehr liebe, habe ich nie eine Antwort erhalten können. Wann wird dieser entsetzliche Krieg enden,[41] der alle Verbindung hindert?

26

An Wilhelm von Humboldt

Paris, 14.10.1804

Sydow 1907, 2, S. 265–266

Endlich ist des Königs[1] Antwort gekommen, freundlicher ist nun noch wohl nie einem Vasallen geschrieben worden. Alle Furcht also, daß meine französischen Verbindungen den vaterländischen schaden könnten, ist eitel gewesen. Ich werde dem König sogleich freundlichst antworten. – Ich arbeite hier sehr viel und glücklich. Der Ruhm ist größer als je. Es ist eine Art von Enthusiasmus, auch geht den Leuten fürchterlich das Mühlrad im Kopfe umher, denn oft in einer Sitzung habe ich astronomische, chemische, botanische und astrologische[2] Dinge im größten Detail vorgebracht. Alle Mitglieder des Instituts[3] haben meine Manuskript-Zeichnungen und -Sammlungen durchgesehen, und es ist eine Stimme darüber gewesen, daß jeder Teil so gründlich behandelt worden ist, als wenn ich mich mit diesem allein abgegeben hätte. Gerade Berthollet[4] und Laplace,[5] die sonst meine Gegner waren, sind jetzt die Enthusiastischsten. Berthollet rief neulich aus: »Cet homme réunit toute une Académie en lui.«[6] Das Bureau des longitudes[7] berechnet meine astronomischen

39 Hier dürfte der Sohn des in Anmerkung 73, S. 56, genannten Jacquin gemeint sein, nämlich Joseph Franz Edler von Jacquin (siehe S. 95, Anmerkung 136).

40 Joseph van der Schot; siehe S. 56, Anmerkung 74. Humboldt hatte ihn und die Jacquins im Herbst 1797 in der österreichischen Hauptstadt näher kennengelernt.

41 Wenige Tage, bevor Humboldt diesen Brief schrieb, war der zweite Koalitionskrieg gegen Frankreich durch den Frieden von Lunéville (9. 2. 1801) beendet worden; ihm folgte am 27. 3. 1802 der Friede von Amiens zwischen England und Frankreich, aber bereits 1805 begann der dritte Koalitionskrieg.

Brief 26

1 Friedrich Wilhelm III. von Preußen (1770–1840).

2 Gemeint ist das präkolumbianische Kalenderwesen der Indianer.

3 Hier vor allem die Mitglieder der Académie des Sciences in Paris.

4 Claude Louis Berthollet; siehe S. 57, Anmerkung 82.

5 Pierre-Simon de Laplace; siehe S. 58, Anmerkung 88.

6 Dieser Mensch vereinigt in sich eine ganze Akademie.

7 Längenbüro, das astronomische Recheninstitut Frankreichs.

Beobachtungen und findet sie sehr, sehr genau. Im Cadastre[8] von Prony[9] werden meine fünfhundert barometrischen Messungen berechnet. Massard sticht schon meine mexikanischen Altertümer,[10] Sellier[11] fängt diese Woche an, die Pflanzen zu stechen. Kurz, es ist alles schon im Gange. Das National-Institut[12] ist vollgepfropft, so oft ich lese. Du siehst also, daß das pommersche Geschlecht[13] durch Dich und mich verherrlicht ist. Denn auch Deiner wird hier noch sehr, sehr allgemein gedacht, besonders von Govat,[14] den ich oft bei Laplace sehe. Dem Hofe soll ich künftige Woche vorgestellt werden. Für Bonpland glaube ich eine gute Pension zu erhalten.[15] Ich lebe sehr, sehr innigst mit der Li.[16] Ob ich gleich sehr in der großen Gesellschaft zerstreut bin, so sehen wir uns doch täglich. Sie steht noch an, ob sie sich wird der Kaiserin[17] müssen vorstellen lassen, um die Krönung[18] mit anzusehen. Ich bin gezwungen gewesen, mir für 70 Louisdor samtene gestickte Kleider machen zu lassen, um in aller Pracht zu erscheinen. Man muß nach solcher Reise nicht scheinen, auf den Hund gekommen zu sein.

Mein indianischer Bedienter sagt von der schändlichen Gräfin:[19] »Esta no es mujer, hace de hombre, tiene calzones.«[20]

8 Katasteramt.

9 Gaspard-Clair-François-Marie Riche de Prony (1755–1839), französischer Mathematiker.

10 Von dem französischen Kupferstecher Jean-Baptiste-Raphael-Urbain Massard (1775–1849) stammt z. B. der Stich mit dem aztekischen Opferstein, der unter dem Pflaster des Großen Platzes in Mexiko-Stadt gefunden worden war, in Humboldts Reisewerk.

11 Auch der französische Kupferstecher Sellier (18./19. Jh.) war neben anderen an der Illustrierung des amerikanischen Reisewerks Humboldts beteiligt.

12 Siehe Anmerkung 3.

13 Der Humboldts. Der Großvater der Brüder war preußischer Offizier in der pommerschen Stadt Kolberg (heute Kołobrzeg).

14 Dieser »Govat« war nicht zu ermitteln. Ob es sich um einen Lesefehler handelt (auch die Namen Massard und Sellier sind im Druck verstümmelt wiedergegeben), muß in Ermanglung des Originals dahingestellt bleiben.

15 Diese Absicht ging in Erfüllung. Bonpland wurde eine Pension in Höhe von 3000 Francs pro Jahr bewilligt.

16 Caroline von Humboldt, geb. von Dacheröden (1766–1814), die Frau Wilhelm von Humboldts. Sie hielt sich damals in Paris auf.

17 Josephine von Frankreich (1763–1814), die erste Frau Napoleon Bonapartes.

18 Am 2.12.1804 fand die Krönung Napoleon Bonapartes und seiner Frau statt.

19 Caroline Gräfin Schlabrendorf, geb. Gräfin Kalckreuth (18./19. Jh.). Es wird berichtet, daß sie gern Männerkleidung trug – damals unerhört.

20 Das ist keine Frau, sie führt sich wie ein Mann auf, trägt Hosen. – Humboldt hatte einen indianischen Diener aus Amerika mitgebracht.

Du siehst, Guter, daß wir lustig sind und sehr fröhlich. Du allein fehlst uns. Im Dezember seh ich Dich gewiß, guter, guter Bill![21]

27

An Caroline von Wolzogen[1]
Berlin, 14.5.1806
Loewenberg 1881, Sp. 9

In den Wäldern des Amazonenflusses, wie auf dem Rücken der hohen Anden erkannte ich, wie von einem Hauche beseelt, von Pol zu Pol nur ein Leben ausgegossen ist in Steinen, Pflanzen und Tieren und in des Menschen schwellender Brust. Überall ward ich von dem Gefühle durchdrungen, wie mächtig jene Jenaer Verhältnisse auf mich gewirkt, wie ich, durch Goethes Naturansichten gehoben, gleichsam mit neuen Organen ausgerüstet worden war![2] Auch Sie behandeln mit vieler Schonung meine kleine Pflanzenphysiognomik.[3] Das hat mich unendlich gefreut. Lebendiger ist freilich alles in mir geworden, aber man wagt es nicht immer, es so ganz und gleich lebendig von sich zu geben. Ich brüte über vieles in mir, denn ich führe ein traurig isoliertes Leben. Ich habe niemand hier, mit dem mir wohl wäre, und das ist eine fürchterliche Empfindung.

28

An Johann Albert Heinrich Reimarus[1]
Paris, Oktober (?) 1810
Sieveking 1923, S. 161–162

Je wilder es um uns her stürmt, je mehr ein jeder dem Vaterland ergebene Mensch in seinem Familienzirkel Trost gegen äußere Bedrängnis sucht, desto mehr darf man hoffen, diesen Geschlechtsadel, den einzig ersprießlichen, sich bilden zu sehen.

21 Rufname Wilhelm von Humboldts in der Familie. – Die Brüder sahen sich erst im Mai 1805 in Rom wieder.

Brief 27

1 Caroline von Wolzogen, geb. von Lengefeld (1763–1847), Schriftstellerin; Schwägerin Schillers.

2 Bezieht sich auf Humboldts Verkehr mit Goethe vor allem im Frühjahr 1797.

3 Ideen zu einer Physiognomik der Gewächse, Tübingen 1806.

Der edle junge Mann,[2] der uns jetzt verläßt, vereinigt alles in sich, was die besseren sich aneignen können: innere Geistesstärke, Fülle von Kenntnissen, Reinheit des Gemüts und eine Anspruchslosigkeit, die bei jungen Deutschen immer seltener und seltener wird. Sein Anblick hat mich oft an die schönen Zeiten erinnert, in denen ich Ihres Wohlwollens persönlich genoß.[3] Trümmer von Städten und Völkern, gescheiterte Hoffnungen, Berg, Meer und Wald lagern für mich zwischen jenem Morgenrot meines Lebens und diesem schwülen Abend; doch denke ich, daß im steten Wechsel der Dinge sich alles freundlich lösen soll.[4]

29

An Alexander von Rennenkampff[1]

Paris, 7.1.1812

Biermann 1973, S. 477–482

Ich erhalte erst heute Ihren liebenswürdigen Brief vom 6./18. November. Ich wüßte Ihnen nicht lebhaft genug auszudrücken, mein Herr, wie sehr ich mich geschmeichelt fühle durch die Aufmerksamkeit eines Mannes, dessen Kenntnisreichtum und Erhabenheit der Gefühle bei mir das allergrößte Interesse geweckt haben. Ich nehme mir die Freiheit, Ihnen auf französisch zu antworten,[2] da Sie diese Zeilen Personen mitzuteilen wünschen, denen die deutsche Sprache nicht vertraut ist. Ich befasse mich neben der Veröffentlichung meiner Werke über Amerika mit vorbereitenden Studien für eine Asien-Expedition. Ich habe dieses Projekt schon vor meiner Rückkehr nach Europa entworfen;

Brief 28

1 Johann Albert Heinrich Reimarus (1729–1814), Arzt und Naturwissenschaftler in Hamburg.

2 Karl Sieveking (1787–1847), Hamburger Syndikus und Diplomat, der auf einer Parisreise durch Humboldt betreut worden war.

3 Erinnerung an die Zeit 1790/91, in der Humboldt in Hamburg in der Familie Reimarus verkehrte.

4 Vorsichtige Anspielung auf die Hoffnung, daß die napoleonische Herrschaft dem Ende entgegengeht.

Brief 29

1 Alexander Freiherr von Rennenkampff (1783–1854), oldenburgischer Kammerherr; zeitweilig in russischen Diensten.

2 Das Original ist in französischer Sprache geschrieben; hier wird eine deutsche Übersetzung gegeben.

ich bin entschlossen, es auszuführen, aber ich werde nicht aus Paris abreisen, bevor ich nicht mein Reisewerk beendet habe, von dem bereits mehr als zwei Drittel fertiggestellt sind. Ich habe veröffentlicht: die »Plantes équinoxiales«,[3] 2 Bände in Folio;[4] die »Melastomes«,[5] 1 Band in Folio; den »Recueil d'observations de Zoologie et d 'Anatomie comparée«,[6] 1 Band in Quart; den »Essai sur la Géographie des plantes«,[7] 1 Band; die »Monumens des peuples indigènes de l'Amérique«[8] verglichen mit denen von Zentralasien, 1 Band in Folio; den »Essai politique sur le Mexique«,[9] 2 Bände in Quart mit einem »Atlas« von 20 Tafeln; »Recueil d'observations astronomiques et Nivellement barométrique des Cordillères«,[10] 2 Bände in Quart. Man druckt im Moment die Species plantarum,[11] welche die 1800 neuen Arten enthalten wird, die wir mitgebracht haben, einen Band der »Observations sur l'Inclinaison de l'aiguille aimantée et l'intensité des forces magnétiques«,[12] und 4 Bände der »Relation historique«.[13]

Das Ziel meiner Asien-Reise ist die hohe Gebirgskette, die sich von den Quellen des Indus bis zu den Quellen des Ganges erstreckt. Ich würde gern Tibet sehen, aber dieses Land ist nicht das Hauptziel meiner Studien. Es ist wahrscheinlich, daß ich die Fahrt über das Kap der Guten Hoffnung unternehme. Eine Arbeit über die Deklination der Zentralsterne hat mich schon seit langem gereizt. Ich würde ein Jahr in Benares bleiben wollen; falls ich nicht nach Bhutan oder Tibet gelangen kann, könnte ich danach die Indische Halbinsel, die Küsten von Malakka, die Insel Ceylon, Java oder die Philippinischen Inseln besuchen. Ich ziehe diesen Weg über Indien vor, weil mir, wenn ich einmal von Bord gegangen bin, eine interessante Reise mit Entdeckungen aller Art sicher ist.

3 Paris 1808/09.

4 Die Höhe der Bände des amerikanischen Reisewerks im Folioformat beträgt um 50 cm; beim Quartformat beträgt sie um 35 cm.

5 Paris 1806/16.

6 Paris 1811.

7 Paris 1805.

8 Paris 1810.

9 Paris 1811.

10 Paris 1810. Die vorstehend genannten Jahreszahlen berücksichtigen nicht das Erscheinen in Lieferungen während eines längeren Zeitraumes.

11 Erschien erst ab 1815.

12 Nicht als selbständiger Band des Reisewerks erschienen.

13 Erschien erst ab 1814. Der vierte Band, der die Reise von der Flußfahrt auf dem Río Magdalena an schildern sollte (ab April 1801), wurde nicht mehr verfaßt.

Die politische Situation Europas wird mich veranlassen, einen Abreisetermin festzusetzen, an dem ich die Straße von Konstantinopel, Basra und Bombay benutzen kann. Da mein Hauptziel Indien und die Gebirge Zentralasiens unter den 35. und 38. Breitengraden sind, ist es mir ziemlich gleichgültig, auf welchem Weg ich meine Expedition beginne.

Hier sind, mein vortrefflicher Freund, die Absichten und Pläne, mit denen ich mich in diesem Moment beschäftige.[14] Ich glaube, mir bis zum gegenwärtigen Zeitpunkt schmeicheln zu können, daß es mir an Mitteln für die Ausführung nicht mangeln wird. Ich fühle mich durch das Interesse sehr geschmeichelt, welches man in Petersburg auf mich zu richten beabsichtigt. Die Namen der Herren Speranskij[15] und Uvarov[16] sind denjenigen nicht unbekannt, die sich mit dem Fortschritt der Wissenschaften im Norden beschäftigen. Der Graf von Rumjancev,[17] Handelsminister, geruhte mir während seines Aufenthalts in Paris[18] einige Angebote zu unterbreiten. Ich habe darauf nicht ablehnend reagiert, im Gegenteil, ich habe ihm gegenüber den Wunsch geäußert, an dem wirklich großen und lobenswerten Ziel, auf das die Vorstellungen des Zaren Alexander[19] gerichtet sind, mitzuwirken. Ich werde die Angebote, die die Regierung mir gütigst auf einem offiziellen Weg unterbreiten wird, dienstbereit akzeptieren, *wenn man geruht, mir geographischen Aufschluß über die Gebiete zu geben, von denen man wünscht, daß sie erforscht werden.* Es wird mich viel kosten, der Hoffnung zu entsagen, die Ufer des Ganges, den Erdstrich der Bananen und der Palmen zu sehen. Ich bin jetzt 42 Jahre alt: ich würde gerne eine Expedition unternehmen, die 7 bis 8 Jahre dauert, aber um die Äquatorialregionen Asiens zu opfern, muß der Plan, den man mir entwirft, umfassend und großartig sein. Der Kaukasus reizt mich weniger als der Baikalsee und die Vulkane der Halbinsel

14 Sie gingen nicht in Erfüllung, da Humboldt keine Erlaubnis zum Betreten indischen Bodens erhielt. Statt dessen nutzte Humboldt die an ihn von der russischen Regierung ergangene Einladung 1829 zu seiner bekannten russisch-sibirischen Reise.

15 Michail Michajlovič Speranskij (1772–1839), russischer Staatsmann und Jurist.

16 Sergej Semenovič Uvarov (1786–1855), russischer Staatsmann und Gelehrter; 1833/49 Volksbildungsminister, 1818/55 Präsident der Akademie der Wissenschaften.

17 Nikolaj Petrovič Rumjancev; siehe S. 114, Anmerkung 244.

18 Im Jahr 1808.

19 Alexander I. von Rußland (1777–1825).

Kamtschatka. Kann man bis Samarkand, bis Kabul und bis Kaschmir vordringen? Muß man die Hoffnung aufgeben, den Mustag[20] und das Plateau von Shamo[21] zu messen? Gibt es im Russischen Reich einen Mann, der, ohne über die gewöhnlichen Wege von Teheran, Kaswin[22] und Herat[23] oder Kalkutta zu gehen, in Lhasa in Tibet gewesen ist? Befindet sich Rußland mit *allen* Völkerschaften an seiner Südgrenze im Krieg, und wird man nicht die Arbeiten nur unter Waffengetümmel ausführen können? Die Geognosie, die Wissenschaft, die die Schichtung der Gebirgsarten und die Gleichheit der Formationen behandelt, die Pflanzengeographie, die Meteorologie, Pendelbeobachtungen, die Theorie des Magnetismus (Inklination, Deklination, Intensität der Kräfte, stündliche Schwankungen) werden auf dieser Exkursion aufgrund der großen Strecken, die man zurücklegen kann, gewaltige Fortschritte machen. Das Studium des Menschen, die Rassen, die Sprachen, welche die dauerhaftesten Denkmäler der Zivilisation des Altertums sind, die Hoffnung, Handelswege nach dem Süden zu erschließen – tausend verschiedene Objekte werden sich unseren Untersuchungen darbieten.

Um zunächst die Gesamtheit der Gegenden meiner Unternehmungen festzulegen, würde ich wünschen, daß man mir gestattet, ganz Asien unter den 58. und 60. Breitengraden, von Katharinenburg, Tobolsk, Jenissejsk, Jakutsk bis zu den Vulkanen von Kamtschatka und dem Ufer der Südsee[24] zu bereisen. Da das Land nach Norden hin abfällt, würde man dort alle neuesten Formationen hervortreten sehen; man könnte dann unter dem 48. Breitengrad von Osten nach Westen über den Baikalsee zurückkehren, um sich Forschungen zu widmen, die im Süden dieses Parallelkreises beginnen sollen und 4 bis 5 Jahre dauern werden. Diese Reisen werden kaum sehr teuer sein, obwohl man Instrumente der vollkommensten Bauart und von kleinen Abmessungen benutzen müßte. Ich würde wünschen, daß die Mehrzahl der Forscher Russen sind; sie werden mutiger die Leiden und Strapazen ertragen, sie werden weniger sehnsüchtig die Rückkehr herbeiwünschen.

20 Mustag-Ata im östlichen Hochland von Pamir.
21 Gobi.
22 Im Iran.
23 In Westafghanistan.
24 Hier: Beringmeer und Ochotsker Meer.

Humboldt in seinem Arbeitszimmer, 1848.
Aquarell von Eduard Hildebrandt (1818–1869)

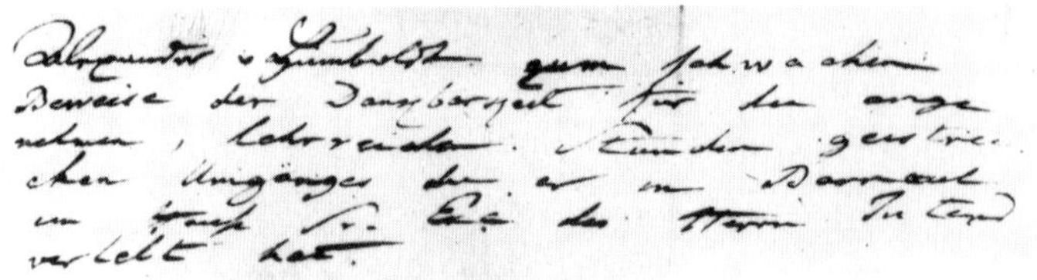

Singakademie in Berlin, 1848.
Hier hielt Humboldt im Winter 1827/28 seine berühmten öffentlichen Vorlesungen über physische Erdbeschreibung.
Stich von Alexander Marx (geb. 1815)

Eintragung Humboldts im Besucherbuch in Barnaul (23. Juli/4. August 1829):

> *Alexander v. Humboldt zum schwachen*
> *Beweise der Dankbarkeit für die ange-*
> *nehmen, lehrreichen Stunden geistrei-*
> *chen Umganges, die er in Barnaul*
> *im Hause Sr. Exc. des Herrn Intend[anten]*
> *verlebt hat.*

(In: Molodež' Altaja, Nr. 184 vom 13. 9. 1969, S. 2)

Chinesischer geomantischer Kompaß Humboldts. Unter den Gegenständen, die Humboldt 1829 von seiner russisch-sibirischen Reise mitbrachte und der Staatsbibliothek überreichte, befand sich auch dieser Kompaß, den er am 17. 8. 1829 in Ustkamenogorsk zum Geschenk erhalten hatte

Alexander von Humboldt, 1854.
Die italienische Malerin Emma Gaggiotti-Richards (1825–1912) malte wiederholt den von ihr glühend verehrten Humboldt. Eines der Porträts wurde durch die hier wiedergegebene Radierung von Paul Habelmann (1823–1890) weit bekannt. Humboldt bezeichnete das Bild als »prachtvoll«.

Alexander von Humboldt, 1857.
Nach einer Daguerrotypie

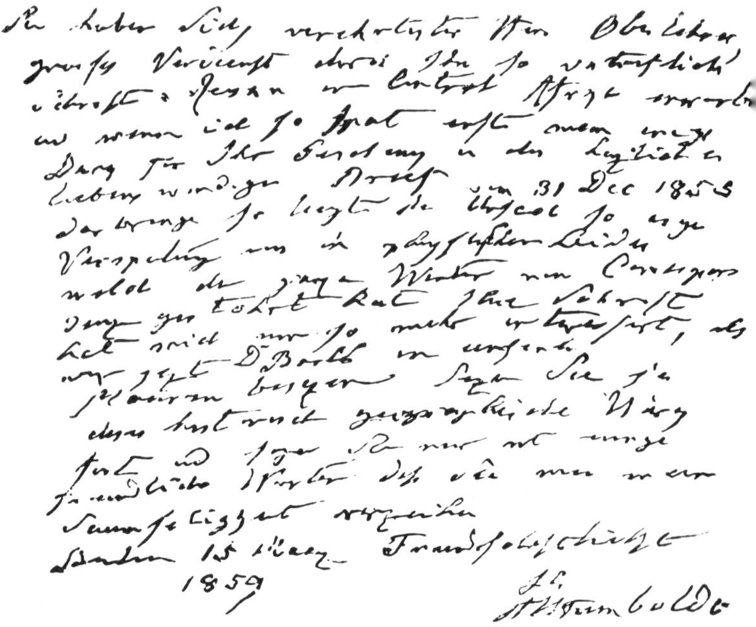

Dankesbrief Humboldts von 1859, anderthalb Monate vor seinem Tode, für eine ihm zugesandte Veröffentlichung

Grabstätte der Familie Humboldt
in Tegel im Park des Humboldt-Schlosses

*Denkmal Alexander von Humboldts
vor der Humboldt-Universität zu Berlin.
1883, Marmor, von Reinhold Begas (1831–1911)*

Ich kenne kein Wort der russischen Sprache, aber ich werde mich zum Russen machen, wie ich mich zum Spanier gemacht habe; alles, was ich unternehme, führe ich mit Begeisterung aus. Mehrere große Ziele können auf einmal erreicht werden: 1) Beförderung der Fortschritte in den exakten Wissenschaften, allgemeine Naturkunde, Geologie, Botanik und alle anderen Zweige der beschreibenden Naturgeschichte, Theorie des Magnetismus, Geschichte der Atmosphäre usw.; 2) Berichtigung der Karten durch astronomische Ortsbestimmungen, ohne sich auf langwierige Triangulation einzulassen, barometrische Höhenmessungen, Anfertigung von Schnitten oder Profilen wie in meinem Mexiko-Atlas; 3) Versorgung der Regierung mit Detailinformationen aus der politischen Ökonomie und dem Handel der Landesteile, die noch nicht ausreichend untersucht wurden; 4) Erforschung der Geschichte der Völker und der Sprachen, um das mehrsprachige Wörterbuch zu erweitern, das nach einem wenig wissenschaftlichen Plan in Angriff genommen wurde, weil es die grammatikalischen Analogien ausschließt; 5) Bereicherung der naturhistorischen Sammlungen Seiner Majestät, besonders Zusammenstellung von geologischen Serien, Gesteinsserien, eingeteilt nach Provinzen, eine einheitliche Sammlung, deren Ausmaß mehr als 1500 Fundorte umfaßt. Einiges Schöne und Nützliche, das in den Arbeiten der Gmelin,[25] Pallas,[26] Krašeninnikov,[27] Hermann[28] ..., enthalten ist, kann sehr erweitert werden aufgrund der größeren und allgemeineren Ansichten, mit denen man heute der Natur gegenüber tritt. Wenn man über alles nachdenkt, was eine Vereinigung qualifizierter Leute ausführen kann, die von einem gesunden Eifer beseelt sind, mit exakten Instrumenten versehen werden, von einer freigebigen Regierung geleitet und unterstützt werden, welche an ihren Projekten festhält und Vertrauen zu den Menschen hat, die sie beschäftigt, wird man sich leicht überzeugen, daß Landreisen geeigneter sind, den wissenschaftlichen Fortschritt zu befördern, als See-Expeditionen, auf denen alles den Erfordernissen der nautischen Geographie untergeordnet werden muß.

25 Johann Georg Gmelin (1709–1755) sowie Samuel Gottlieb Gmelin (1745–1774), Naturforscher und Forschungsreisende.

26 Peter Simon Pallas (1741–1811), Naturforscher und Forschungsreisender.

27 Stepan Petrovič Krašeninnikov (1713–1755), Naturforscher und Forschungsreisender.

28 Ivan Filippovič German (Hermann; 1755–1815), Mineraloge und Forschungsreisender.

Ich habe mit der größten Sorgfalt den Bericht der Reise des Hrn. von Krusenstern[29] studiert. In der Einleitung, am Anfang des ersten Bandes meiner Zusammenstellung der astronomischen Beobachtungen, habe ich diesem Wissenschaftler und geschickten Navigator meine hohe Bewunderung öffentlich zum Ausdruck gebracht.[30] Es wäre schön, wenn die Herrschaft des Zaren Alexander, der von seiner Thronbesteigung an einen so lobenswerten Eifer bewiesen hat, den Fortschritt der Aufklärung in seinem weiten Reich zu befördern, durch zwei große wissenschaftliche Expeditionen erleuchtet würde, die eine zur See,[31] die andere im Inneren eines weiten Kontinents.[32]

Sie sehen, mein Herr, an der Hoffnung, der ich mich hingebe, daß ich vollkommen entschlossen sein würde, die Angebote zu akzeptieren, die man mir gütigst unterbreiten wird, wenn die Pläne hinreichend großzügig abgefaßt sind, wie es mir der Würde des Monarchen, der die Hälfte des alten Kontinents regiert, angemessen zu sein scheint. Die Befürchtungen, die man in bezug auf einen Krieg im Norden[33] hat, verzögern vielleicht ein wenig die Ausführung dieser großen Projekte: ich beliebe zu hoffen, daß sich dieser Teil Europas weiterhin des Friedens zu erfreuen haben wird; sollte sich diese Hoffnung nicht erfüllen, kann man glauben, daß die Regierungen nach einem Krieg mit mehr Eifer all das in Angriff nehmen, was dem inneren Wohlstand dient, und was nur mittlere Aufwendungen erfordert. Ich könnte nicht vor dem Winter 1814 in Petersburg sein. Dieser Aufschub wird für das Gemeinwohl nicht von Nachteil sein. Es ist mehr als ein Jahr erforderlich, um die physikalischen und astronomischen Instrumente herstellen zu lassen, die man in Paris (Fortin, Breguet, Le Noir), in London (Troughton, Mudge, Ramsden jun.) und in München (Reichenbach)[34] bestellen

29 Adam Johann von Krusenstern (1770–1846), Admiral und Befehlshaber der ersten russischen Weltumseglung 1803/06. Autor von: Reise um die Welt in den Jahren 1803–1806. Bd. 1–3, St. Petersburg 1810/12.

30 Recueil d'observations astronomiques, siehe Anmerkung 10, S. XXVI–XXVII. Humboldt hatte die Bände 1 und 2 des Krusensternschen Berichts benutzt.

31 Krusensterns Reise.

32 Humboldts geplante Reise.

33 Anspielung auf eine französische Invasion, die ja dann tatsächlich im Juni 1812 erfolgte.

34 Die Feinmechaniker und Hersteller von Meßinstrumenten Jean Fortin (1750–1831), Abraham Louis Breguet (1747–1823), Paul-Étienne Lenoir (1776–1827), Edward Troughton (1753–1836), Thomas Mudge (1715–1794), Jesse Ramsden (1735–1800) und Georg von Reichenbach (1772–1826).

könnte: man braucht Zeit, um die Wissenschaftler und Künstler zusammenzuführen, man braucht Zeit, um Nachrichten über die Südgrenzen des Reiches zu sammeln, über die Möglichkeit, weiter in den Süden vorzudringen.

Eine Schwäche in meinem rechten Arm, Folge der außerordentlichen Nässe am Orinoko, macht meine Schrift sehr unleserlich. Dürfte ich Sie bitten, diesen Brief kopieren zu lassen, wenn Sie überhaupt daran denken, ihn irgendwelchen Ihrer Freunde mitzuteilen. Ich habe Ihnen gegenüber mit ebenderselben Aufrichtigkeit gesprochen, mit der ich am Hof von Aranjuez 1799[35] aufgetreten bin. Ich wünsche sehr, daß Sie in der Lage wären, mir weiterhin Nachrichten über diese wichtige Sache zu geben. Ich verlange keine Sicherheit, aber eine gewisse Wahrscheinlichkeit. Ich würde verstehen, daß die Regierung im gegenwärtigen Zustand der politischen Welt sich nicht mit diesem Gegenstand wird beschäftigen wollen. Aber ich würde mir gerne unnütze Mühen ersparen, wenn ich im voraus wüßte, der Monarch wünscht, daß ich die Route durch das Asiatische Rußland wähle.

Ich kenne Ihren Takt, mein Herr, zu gut, als daß es notwendig wäre, Sie aufzufordern, von diesem Brief keine andere Mitteilung zu machen, als gegenüber Personen, die ein direktes Interesse an der Ausführung eines Planes zugunsten des Fortschritts der Wissenschaft haben. Es wäre durchaus nicht kränkend für mich, meine Dienste einem Fürsten anzubieten, der die Wissenschaften und die Künste in seinen weiten Reichen zum Blühen gebracht hat, aber meine individuelle Einstellung verbietet mir einen derartigen Schritt. Ich werde mich keineswegs weigern, wenn es um ein nützliches und glorreiches Ziel geht: Ich würde die Reise von Tobolsk zum Kap Komorin unternehmen, selbst wenn ich wüßte, daß von 9 Personen nur eine einzige ankommt, aber einfach in meinen Neigungen, als Freund geistiger Unabhängigkeit, ausgestattet mit starkem Willen, führe ich unbesorgt meine einzelnen Unternehmungen durch. Ich wäre meinem Charakter untreu geworden, wenn ich, anstatt auf die Fragen zu antworten, die Sie mir vorgetragen haben, meinerseits Schritte unternommen hätte.

Ich bitte Sie, mein teurer Baron, die Versicherungen meiner

35 Als Humboldt sich um die Erlaubnis zu einer Reise in die spanischen Kolonialbesitzungen bemühte.

36 Karl Robert Graf Nesselrode (1780–1862), russischer Staatsmann und Diplomat.

großen Hochachtung den Herren Speranskij und Uvarov, dem Grafen Nesselrode,[36] mit dem mich eine enge Freundschaft verbindet, dem würdigen Chevalier Krusenstern und dem Herrn Schubert,[37] der die Astronomie mit einem ausgezeichneten Werk über die physikalischen Gesetze der Bewegung bereichert hat, zu überbringen.

Genehmigen Sie die Versicherung meiner aufrichtigen Ergebenheit.

Paris, Sternwarte
Rue St. Jaques, den 7. Jan. 1812 Alexander von Humboldt

Haben Sie bitte die Güte, mir über die Russische Botschaft in Paris zu schreiben. Könnten Sie den Breitengrad des nördlichsten sibirischen Dorfes, das während des Winters bewohnt ist, recht genau in Erfahrung bringen? Ich nenne Dorf jede Vereinigung von 2 oder 3 Häusern. Es wäre sehr interessant, die stündlichen Schwankungen der Magnetnadel und der Stärke der magnetischen Kräfte während der Nordlichter in der ewigen Nacht kennenzulernen.

Ich füge einige Worte hinzu, die nur *an Sie allein*, mein teurer Baron, gerichtet sind. Ich weiß über andere Kanäle, daß man mich sehr in Rußland zu haben wünscht, aber vor der Idee zurückschreckt, die Projekte bis zum 1ten Januar 1814 zurückzustellen. Dieser Aufschub muß jedoch sein. Ich möchte *unbedingt* abschließen.[38] Es geht dabei um meine Ehre, und ich will lieber sagen, daß es mich noch zwei Jahre kostet, um nicht bedrängt zu sein. Sie werden dies nicht tadeln; ich habe sechs Jahre meines Lebens damit zugebracht, die Materialien zu sammeln. Wie sollte ich auf das verzichten, was ich besitze, um mich in ein neues Unternehmen zu werfen. Als der Graf Rumjancev vor 4 Jahren in Paris war, schien man sehr in Eile, nun gut! Aber nichts ist seitdem geschehen. Wenn man eine anständige Expedition veranstalten möchte, muß man sich mindestens ein Jahr bis 18 Monate vorbereiten. Man muß schon von diesem Winter an über die Leute und Instrumente nachdenken. Wenn man sich nicht entscheiden will, und erst 1814 (wo ich nach Indien aufbrechen werde) sich erneut meiner zu erinnern geruht, was wird dann geschehen? Man wird dann erst 1815 beginnen können, und es wird noch alles überstürzt sein. Ich liebe es, aufrichtig zu

37 Friedrich Theodor Schubert (1758–1825), russischer Astronom. Autor von: Theoretische Astronomie. T. 1–3, St. Petersburg 1798.

38 Das amerikanische Reisewerk. Sein Erscheinen zog sich indessen noch bis zum Jahre 1834 hin, ohne ganz vollendet zu werden.

sein und die Wahrheit zu sagen. Man muß mir auch die Zeit lassen, Russisch zu lernen, und anstelle des Persischen würde ich bestrebt sein, mich mit der qualvollen Mandschusprache vertraut zu machen.

Ich bleibe daher bei meiner Forderung, daß man sich bald entscheiden möge. Der Hof hätte auch mehr Zeit, seine Fonds zu bilden. Ich werde auch meine Regierung benachrichtigen müssen, von der ich eine Pension von 9000 Livres tournois beziehe. Herr von Krusenstern könnte uns sagen, welche Instrumente in Rußland zu Verfügung stehen, und welche anderen wir in London oder hier bestellen müßten: Chronometer, Theodoliten, Passageninstrument,[39] Magnetnadel für Inklination ...

Ich würde wünschen, daß der Zar eine Verordnung erläßt: 1) Es wird eine wissenschaftliche Expedition nach Asien stattfinden; 2) ... wird der Leiter der Expedition während eines Zeitraumes von 6 Jahren sein; 3) Die Teilnehmer an der asiatischen Expedition werden sich in Tiflis oder in Tobolsk oder in Irkutsk im Laufe des Jahres 1814 vereinigen; 4) Der Minister wird beauftragt, vom gegenwärtigen Zeitpunkt an die Vorbereitungsarbeiten für diese Expedition zu beaufsichtigen.[40]

Das alles ist nur für Sie, teurer Baron, damit Sie wissen, wie sehr ich ungeduldig bin, wann immer es sich um ein großes und nützliches Ziel handelt.

Humboldt

30
An Wilhelm von Humboldt
Verona,[1] 17.10.1822
Humboldt 1923,[2] S. 126–127

Ich habe den großen Plan eines großen Zentralinstituts der Naturwissenschaften des freien Amerika in Mexiko. Der Kaiser von

39 Zur Bestimmung des Zeitpunkts des Meridiandurchgangs.

40 Der in Anmerkung 33 erwähnte Krieg verhinderte, daß dem Projekt nähergetreten wurde.

Brief 30

1 Humboldt hielt sich dort während des Kongresses von Verona im Gefolge des preußischen Königs Friedrich Wilhelm III. auf.

2 In der genannten Quelle wird eine deutsche Übersetzung des in französischer Sprache geschriebenen Briefes geboten. Diese Übersetzung wird hier geringfügig korrigiert.

Mexiko,[3] den ich persönlich kenne, wird fallen,[4] es wird eine republikanische Regierung geben und ich habe die fixe Idee, mein Leben auf die angenehmste und für die Naturwissenschaft nützlichste Weise in einem Teile der Welt zu beenden, wo ich außerordentlich geschätzt werde und alles mich auf eine glückliche Existenz hoffen läßt. Das ist eine Art, nicht ohne Ruhm zu sterben, viel gelehrte Leute um sich zu sammeln und die Freiheit der Meinung und des Gefühls zu genießen, die für mein Glück nötig ist. Dieser Plan eines Instituts in Mexiko, von dem aus man neunzehn Zwanzigstel des Landes, die ich nicht kenne, erforscht (die Vulkane von Guatemala, den Isthmus), schließt nicht eine Rundreise nach den Philippinen und Bengalen aus.[5] Das ist eine sehr kurze Exkursion, und die Philippinen und Kuba werden wahrscheinlich vereinigte Staaten mit Mexiko bilden. Man sammelt in Frankreich 4–5 Millionen Franken, um die Bergwerksarbeit in Mexiko zu reorganisieren. Ich würde keine Verantwortlichkeit in dieser großen Geldangelegenheit übernehmen, aber sie wird mir sehr nützlich sein, da die ausgezeichnetsten Naturwissenschaftler, die, wie ich, Europa zu verlassen wünschen, von denen angestellt werden könnten, die das Geld hergeben und meinen Rat befolgen, so oft ich ihn ihnen geben kann. Ich rechne bei dem Institut, das die Mexikaner dringend wünschen, auf Kunth[6] und Valenciennes.[7]

31

An Wilhelm von Humboldt

Weimar, 13.12.1826

Humboldt 1923, S. 159

Unsere Reise[1] verlief sehr glücklich. Der Schnee schmolz während der beiden Tage, die wir in Freiberg unter der Erde verbrachten, in »Beschert Glück«,[2] in der Amalgamation,[3] in dem

3 Agustin I. (Augustin de Iturbide; 1783–1824) war 1822/23 Kaiser von Mexiko.

4 Iturbide wurde bereits 1824 hingerichtet.

5 Keiner dieser Pläne wurde realisiert.

6 Carl Sigismund Kunth; siehe S. 114, Anmerkung 239.

7 Achille Valenciennes; siehe S. 115, Anmerkung 252.

Brief 31

1 Humboldt hatte sich Ende September 1826 mit Valenciennes von Paris nach Berlin begeben, um seine endgültige Rückkehr dorthin vorzubereiten. Auf der weiteren Reise zurück nach Paris hielten sich dann beide in Freiberg, in Jena und in Weimar auf.

Schmelzofen. Ich kann Dir die Achtungs- und Freundschaftsbeweise der Bergleute gegen mich gar nicht lebhaft genug schildern. Das schlechte Wetter verhinderte glücklicherweise den »Aufzug«, aber ich empfing Abgeordnete der »Knappschaft« und Reden meiner ehemaligen Kameraden, sowie der jungen Schüler der »Bergakademie«. Ich antwortete aus dem Stegreif, so gut es ging. [...]

Ich kann Dir das Wohlwollen nicht beschreiben, mit dem ich am Weimarer Hof empfangen wurde, bei Goethe, bei der russischen Großherzogin,[4] deren Töchter wahrhaft vornehm sind. Man ließ mich nicht einen Augenblick Atem schöpfen. Mittags am Hof, abends beim Herzog.[5] Man lud sogar Valenciennes zum Mittag ein. Ich verkleidete ihn mit einem geborgten Chapeau claque;[6] es ging wunderbar, er gefiel dem Herzog sehr, weil er ihm all seine Papageien benennen kann. Goethe ist wunderbar, voller Kraft und Liebenswürdigkeit. Alle freuen sich hier über Deinen bevorstehenden Besuch. Ich brachte einen glücklichen Tag bei Frau von Wolzogen in Jena zu, mittags und abends aß ich dort.

32

An Carl Friedrich Gauß[1]

Paris, 16.2.1827

Biermann 1977, S. 30

Es ist ein großer Entschluß, einen Teil meiner Freiheit und eine wissenschaftliche Lage aufzugeben, in der ich hier seit 18 Jahren manchen schönen geistigen Genuß gehabt. Aber ich bereue nicht, was ich getan. Das intellektuelle Leben hat mich unendlich angesprochen bei meinem letzten Aufenthalte[2] in Deutsch-

2 Bergwerk in Freiberg.

3 Einrichtung zur Anreicherung von Metall in Erzen mittels Quecksilbers.

4 Maria Pawlowna von Sachsen-Weimar-Eisenach (1786–1859).

5 Karl August von Sachsen-Weimar-Eisenach (1757–1828), Schwiegervater Maria Pawlownas.

6 Zusammendrückbare Kopfbedeckung.

Brief 32

1 Carl Friedrich Gauß (1777–1855), hervorragender Mathematiker, Astronom, Physiker und Geodät in Göttingen.

2 Auf der Hinreise nach Berlin (siehe Anmerkung 1 zu Brief 31) hatte Humboldt in Göttingen Gauß besucht.

land, und die Idee, in Ihrer Nähe, in der Nähe derer zu leben, die meine Bewunderung für Ihr großes vielseitiges Talent lebhaft teilen,[3] ist ein wichtiger Beweggrund meines Entschlusses gewesen. An gutem Willen, nützlich zu sein, soll es mir nicht fehlen, und ich rechne stets auf Ihren Rat, auf den Rat »des großen Meisters in der Kunst«.[4]

33

An Heinrich Berghaus[1]

Berlin, 24.(?) 11. 1828

Berghaus 1869, 1, S. 208-210

Ich habe mir mein Lebelang etwas darauf eingebildet, unter den Sterblichen derjenige zu sein, der am höchsten in der Welt gestiegen ist – ich meine am Abhange eines Berges, am Abhang des Chimborazo![2] Wie lange haben die Menschen gestaunt über die Höhe der Kordilleren, die ihnen von Lacondamine[3] und den anderen peruanischen Gradmessern bekannt gemacht worden war, und ich habe dieses Staunen geteilt und bin stolz gewesen auf meine Ascension![4] Mit einem gewissen Gefühl von Neid habe ich darum auf die Enthüllungen geblickt, welche von Webb[5] und seinen Konsorten von den Bergen in Indien gegeben, von deren kolossalen Erhebung man zwar eine Ahnung und Vermutungen hatte, nicht aber beglaubigte durch Messungen konstatierte Tatsachen. Ich habe mich über die Riesen des Himalaya beruhigt, weil ich glaube annehmen zu dürfen, daß meine Arbeiten in Amerika den Engländern den ersten Impuls gegeben, sich etwas mehr um die Schneeberge zu bekümmern, als es von ihnen seit anderthalb Jahrhunderten geschehen, während welches langen Zeitraums sie den hohen Gebirgswall im

3 Ein Musterbeispiel verfeinerter Schmeichelei, wie Humboldt sie schätzte und praktizierte.

4 Meister in der mathematischen Kunst.

Brief 33

1 Heinrich Berghaus (1797–1884), Geograph, Kartograph und Schriftsteller in Potsdam.

2 Am 23. 6. 1802.

3 Charles-Marie de La Condamine; siehe S. 98, Anmerkung 167.

4 Besteigung, die allerdings den Gipfel nicht erreichte, dennoch einen lange nicht überbotenen Höhenrekord darstellte.

5 William Spencer Webb (19. Jh.), englischer Forschungsreisender im Himalaja.

Norden der ungeheueren Ebenen, die der heilige Strom befruchtet, man kann sagen gedankenlos betrachtet haben, ohne auch nur von ferne die Frage aufzuwerfen, wie hoch sind diese Kolosse des Himalaya? Ich habe mir gesagt: die Andenketten von Quito bleiben doch in ihrem Recht für die Neue Welt, in ihr das höchste Gebirg zu sein, und auf ihm der Chimborazo der erhabenste Scheitel; und damit habe ich das neidische Gefühl, welches mir die Indische Gebirgswelt eingeflößt, zu beschwichtigen gesucht. [...] Kommt dereinst meine physische Geographie[6] bei Cotta[7] zum Druck, so werde ich es mir zur Bedingung machen, daß eine hiesige Buchdruckerei damit beauftragt,[8] oder mindestens, daß mir Korrekturbogen von Stuttgart oder Augsburg, oder wo sonst Cotta drucken läßt, zugesandt werden.[9] Trauriges Los des – Schriftstellers, so abhängig zu sein vom – Schriftsetzer!

34

An Samuel Heinrich Spiker[1]
Berlin, wohl Anfang 1829
Biermann 1968,[2] S. 144

In Deutschland wirkt man auf den Geist einiger großer Persönlichkeiten nur durch den Reflex des Ansehens im Ausland, und da ich selbst in diesem Augenblick damit beschäftigt bin, die Lage der Mathematik in Preußen durch an der Kriegsschule vorzunehmende Veränderungen und durch ein Seminar für Chemie und Mathematik an der Universität[3] zu heben, muß ich von

6 Kosmos. Entwurf einer physischen Weltbeschreibung. Bd. 1–5, Stuttgart und Tübingen 1845/62.

7 Johann Friedrich Freiherr Cotta von Cottendorf (1764–1832), Verleger in Stuttgart. Als der Druck des »Kosmos« beginnen konnte, war er nicht mehr am Leben und sein Sohn Georg (1796–1863) Inhaber des Verlags.

8 Auf diese Bedingung ging der Verleger nicht ein.

9 So wurde verfahren.

Brief 34

1 Samuel Heinrich Spiker (1786–1858), Bibliothekar und Journalist in Berlin; Besitzer und Herausgeber der Zeitung »Berlinische Nachrichten von Staats- und gelehrten Sachen« (sogenannte Spenersche Zeitung), die Humboldt für seine Öffentlichkeitsarbeit bevorzugte.

2 Wir folgen hier der Textwiedergabe in der a. a. O. gebotenen Übersetzung aus dem Französischen.

3 Es kam in der Humboldt vorschwebenden Form nicht zustande.

Amts wegen einer Zeitschrift viel Wichtigkeit beimessen, die zum Zentrum mathematischer Arbeiten in Deutschland geworden ist.[4] Berlin soll mit der Zeit die erste Sternwarte, die erste chemische Anstalt, den ersten botanischen Garten, die erste Schule für transzendente Mathematik besitzen. *Das ist das Ziel meiner Bemühungen und das einigende Band meiner Anstrengungen.*

35

An Friedrich Wilhelm Bessel[1]

Paretz, 14.7.1833

Biermann 1962, S. 322–323

Ich hoffe, im Anfang des Winters den ersten Band meines Entwurfs einer physischen Weltbeschreibung (da er Himmel u. Erde umfaßt, so muß ich schon an dem mir sonst so mißfallenden Namen haften) Ihrer Nachsicht empfehlen zu können.[2] Es ist das Werk meines Lebens, soll abspiegeln, was ich mir für Vorstellungen und Trugbilder von dem ergründeten und nicht ergründeten Zusammenhange der Erscheinungen durch Selbst-Erfahren oder Nachforschen in dem in vielen Sprachen mühsam Gelesenen entworfen habe. Das Werk, das ich vor 20 Jahren (auch prätensionsvoll und zu unbestimmt) das »Buch von der Natur« nennen wollte, hat also subjektive Wichtigkeit. Ich suche es auszustatten mit zwei heterogenen Dingen, mit den sichersten Zahlenwerten (die der Ausdruck kosmischer und physischer Gesetze sind) und mit dem was Form und Sprache, nach meinen geringen Kräften, von Anmut und Leben geben können. Eine solche Komposition hat formelle Schwierigkeiten, die ich durch völlige Trennung allgemeiner Darstellungen im Eingange jeder Materie und fast tabellarische (aphoristische) Ausführung des Einzelnen, Faktischen zu überwinden strebe. Der erste Band soll enthalten 1) eine Eröffnungsrede, um dem Ganzen einige indivi-

4 Bezieht sich auf das »Journal für die reine und angewandte Mathematik«, herausgegeben von dem Mathematiker August Leopold Crelle (1780–1855).

Brief 35

1 Friedrich Wilhelm Bessel (1784–1846), bedeutender Astronom in Königsberg (heute Kaliningrad); wurde von Humboldt oft konsultiert.

2 Humboldt neigte dazu, den Zeitbedarf für die Ausarbeitung seiner Werke zu unterschätzen. So auch in diesem Fall: Der »Kosmos« (Bd. 1–5, Stuttgart und Tübingen 1845/62) gelangte in seinen Anfängen erst 11 Jahre später zur Druckreife.

duelle Erinnerung an meine Vorlesungen[3] zu geben. Ich sprach ganz frei, hatte aber die Gewohnheit, noch an demselben Tage, was mir in der freien Rede gelungen schien, zu diktieren und so zu erhalten. 2) ein allgem. Naturgemälde, ein Blick auf den Umfang der Erscheinungen. 3) Geschichte nach Epochen. Histor. Entwickelung der Art, wie bei den westl. Völkern sich allmählich die Idee der Welt und mit erweitertem Horizont die Idee des Naturganzen, des Zusammenhanges der Erscheinungen gebildet; nicht Geschichte einzelner Wissenschaften, sondern Erforschung der Veranlassungen, durch welche die einzelnen Zweige des Wissens sich verschmolzen und gegenseitig befruchtet haben. 4) Quellen einer Weltbeschreibung. 5) Anregungsmittel, wie das Studium lebendig geworden ist durch a) Rede, Naturschilderungen durch eigene Ansicht belebt, b) Kultur exot. Gewächse, Gartenanlagen, wenn sie die Physiognomik der Natur zum Zweck haben, c) Landschaftsmalerei, durch graphische Mittel verallgemeinerte Kenntnis des Naturcharakters verschiedener Zonen.[4] Man muß so innigst, als ich es bin, von Ihrem Wohlwollen zu mir überzeugt sein, um in ein solches Detail meiner geistigen Entwürfe einzugehen. Die widerwärtigste Eitelkeit ist die süßlich verhaltene: die freiere, wenn sie auf edle Gegenstände gerichtet ist, findet leicht Nachsicht bei großen und freien Geistern.

36

An Caroline von Wolzogen
Berlin, 29. 3. 1834
Loewenberg 1881, Sp. 11

Fries[1] ist in seiner mathematisch-philosophischen Richtung eine Wohltat für Deutschland, die nicht genug erkannt wird. Sein Lehrbuch der Naturlehre,[2] von dem leider! der zweite Teil nie erschienen, ist ein wichtiges Buch. Es ist nicht schön, daß Schmeichelei, in physikalischen Dingen, unwissender Freunde

3 Im Winter 1827/28 in Berlin.

4 Es zeigt sich, daß Humboldt die Disposition, der er (mit Modifikationen) in den ersten beiden Bänden des »Kosmos« gefolgt ist, zu dieser Zeit bereits fertiggestellt hatte.

Brief 36

1 Jakob Friedrich Fries (1773–1843), Philosoph in Jena.

2 Lehrbuch der Naturlehre. Th. 1, Experimentalphysik, Jena 1826.

den größten unserer Zeitgenossen[3] in dem so ungleichen, oft unwürdigen Briefwechsel mit Zelter[4] zu so rauhen, despotisch törichten Ausfällen gegen Fries verleitet haben.

Ich lasse hier und in Paris zugleich drucken, arbeite fleißig, lebe aber freudenlos in dieser nüchternen Stadt. Meines Bruders Gesundheit macht mir zwar jetzt etwas weniger Sorge, aber er lebt abgeschlossen in Tegel, und der Anblick so herrlicher Geisteskräfte bei allem Anschein äußerer Zerstörung ist etwas tief betrübendes.

Mein Werk, das von den Nebelflecken bis zu den Moosen alles enthalten soll, ein Kosmos (eine physische Weltbeschreibung),[5] erheitert mich kaum, ob ich gleich der Darstellung alle Blüte noch nicht ganz in mir erloschener Phantasie geben möchte. Vielleicht kann im Sommer der erste Band erscheinen, aber in meiner Stellung möchte man auch etwas praktisches wohltätiges schaffen, wenn man in sich dazu Einsicht und Kraft sucht. Vergebens, kein Versuch gelingt zu einer Zeit, wo man, wie Lessing[6] sagte, »jedes Nordlicht für eine Feuersbrunst hält« und wo die Regierungen sich durch »Stärkungen« und Sicherheitsmaßregeln schwächen, wo der Friede das Kind gegenseitiger Furcht ist, und man die Jugend (das künftige Menschengeschlecht) als eine revolutionäre Einrichtung abschaffen möchte.[7] – Sie sehen, meine Teure, daß am Abend meines Lebens ich nicht froh in die Welt hinausblicke, doch ich schäme mich zu sagen die Welt. Das Trübe, Enge, Nüchterne, Gegenwärtige ist ein Moment, eine Parzelle des Unendlichen, das die reiche Fülle kommender Geschlechter in seinem Busen trägt.

---

3 Goethe.

4 Karl Friedrich Zelter (1758–1832), Maurermeister und Komponist in Berlin; Freund Goethes. Ihr Briefwechsel erschien in 6 Bänden in Berlin 1833/34.

5 Siehe Anmerkung 2 zu Brief 35.

6 Gotthold Ephraim Lessing (1729–1781), Dichter, zuletzt in Wolfenbüttel.

7 Die Kritik Humboldts an der Unterdrückung der bürgerlichen Opposition richtet sich insbesondere gegen die Verfolgung fortschrittlicher Studenten (»Demagogenverfolgungen«).

Brief 37

1 Alexanders Bruder Wilhelm von Humboldt war am 8.4.1835 gestorben.

2 Wilhelm von Humboldts Ehefrau Caroline.

3 Gemeint ist die Übersiedlung von Paris nach Berlin 1827.

4 Friedrich Wilhelm III. von Preußen.

5 Soll heißen, daß Humboldt seine Verbindungen zum König nicht lösen konnte.

37

An Caroline von Wolzogen

Paretz, 12.6.1835

Loewenberg 1881, Sp. 11--12

Auch bei Ihnen, meine teure Freundin, sind alle alten Wunden aufgerissen. Wilhelms Tod[1] hat Ihnen das Bild all der Lieben vorgeführt, die einst in unserer Gemeinschaft in Jena, Weimar und Erfurt lebten. Der Boden hat dort alle seine Blüten hinwelken sehen. Wilhelm gehörte zu der kräftigen Generation, die den Glanz des deutschen Vaterlandes erlebte und mächtig auf ihn einwirkte. Was ihn charakterisierte war, daß er ganz von dem Geiste des Altertums durchdrungen war, daß dieser sich in Stärke des Charakters, seinem Sinne, Heiterkeit der Seele, Anmut der Sitten, Poesie des Lebens bei ihm offenbarte, daß diese Offenbarung so früh sich kundgab, daß, wie Sie so scharfsinnig und wahr bemerken, er sich seit 30 und 40 Jahren gleich blieb, nur die schönsten Naturgaben stets in derselben Richtung ausbildete und vervollkommnete. Unter allem, was den Umstehenden sein Hinscheiden so rührend und schmerzhaft machte, war das so auffallend, daß er mit gleicher Liebe mit denen beschäftigt war, die er verließ, und mit denen, die er wiederzusehen hoffte. Nächst der Li[2] war sein Gemüt sichtbar am meisten zu Schillers großem Schatten hingezogen. Von ihm sagte er schöne Verse, von ihm sprach er träumend und wachend. Er hing an dem Leben mit der Natürlichkeit, die Sie von ihm kannten. Immer fragte er die, welche vom Grabe zurückkamen, ob der Rasen zu grünen anfange, ob die Vögel sängen. Der Wunsch, noch einmal die Frühlingsblüten zu erleben, lag diesen Fragen zu Grunde, und, bei aller Last des unbehilflichen Lebens hing er doch an der Fortdauer einer Existenz, die bei ungeschwächtem Geisteswirken, ihm offenbar weniger traurig als den ihn Liebenden schien. [...]

Ich war hauptsächlich in dies Land gekommen, um mit ihm zu leben.[3] Jetzt bleiben mir nur die einengenden Verhältnisse, die ich eingegangen war, um mir jenes Glück zu verschaffen. Der Ort, von dem ich diese Zeilen an Sie richte (ein Privatgut des Königs[4] in einer langweiligen Gegend des Havellandes, dem dürren Teile dieser Strecke) kann Sie an diese Verhältnisse erinnern. Aufheben darf ich sie nicht,[5] selbst ein Gefühl der Dankbarkeit hält mich davon zurück. Was ich tun kann, ist, von Zeit zu Zeit wieder in eine größere Welt, nach Paris auf einige Monate zu gehen. Ich werde das wahrscheinlich diesen Herbst tun.[6] Da ich dort 20 Jahre gelebt, so finde ich allerdings dort persönliche Freunde, die mir lieb sind, aber außer der wissenschaftlichen Erweiterung des Gesichtskreises, die Paris ewig darbieten wird, ist das dasige[7] jetzt so nüchterne Treiben ohne Enthusiasmus und Glauben an ein politisch Besseres auch nicht einladend. Ich fühle mich seit jenem Unglück sehr einsam, nicht mutlos, aber in der trübsten Stimmung. Dazu welche Ansicht der politischen Welt, an deren Zustand ich immer einen dämonisch unruhigen Anteil nehme. Alles ist Unfreude, und wo es in den Richtungen sich entwickelt, die ich seit meinem 17. Jahre mir aneignete, benimmt die Elendigkeit der Werkzeuge alle, alle Freude an dem Gedeihen.

38

An Heinrich Christian Schumacher[1]

Berlin, 2.3.1836

Biermann 1979, S. 52

Meine Gesundheit und Frischheit haben durch den Aufenthalt in der allbelebten Babel[2] sehr zugenommen. Dazu habe ich aufs Neue gefunden, wie sehr die dortige Lebensweise des Spät-Essens (jetzt 7–7 1/2) der Arbeit bei denen zuträglich ist, die, wie ich, 24 Stunden an einem Frühstück von einer halben Tasse schwarzen Kaffees (konzentrierter Sonnenstrahlen, wie der alte Delille[3] sang) schon viel haben. Ich hatte wieder zwei Wohnungen, schlief in einer und arbeitete, indem ich die erstere um 8 Uhr verließ, ehe die *Feinde*[4] aufstehen und angreifen,[5] in der zweiten in einem undurchdringlichen Sekretär-Kabinett meines Freundes Arago[6] in den entresols[7] des Instituts.[8] Gewohnt, in

6 Humboldt reiste in der Tat am 6.8.1835 nach Paris, wo er sich bis Ende Dezember aufhielt. Insgesamt hat er nach 1827 noch acht Parisreisen unternommen.
7 Dortige.

Brief 38
1 Heinrich Christian Schumacher (1780–1850), Astronom in Altona.
2 Scherzhafte Bezeichnung von Paris; siehe Anmerkung 6 zu Brief 37.
3 Jacques Delille (1738–1815), französischer Dichter. –
Es sei an dieser Stelle der kuriose Umstand wiedergegeben, daß wir ausgerechnet durch Humboldts Papagei über die Kaffeeangewohnheiten seines Besitzers unterrichtet sind: Humboldt verlangte viel Kaffee, viel Zucker und keine Milch. Vgl. Kurt-R. Biermann, Was uns Papageien lehren können. In: Spectrum 17 (1986) H. 1, S. 29.

Berlin nur von solchen Gelehrten besucht zu werden, die beim Könige oder dem Ministerium prosaische Geschäfte treiben wollen und daher, da sie glauben, ich werde nicht lange stille halten, jedes wissenschaftliche Gespräch abzukürzen suchen, hab ich mich in Paris sehr aufgelegt und frei zur Arbeit befunden. Ich habe jetzt an 70 Bogen folio meines Examen critique de l'histoire de la Géographie du 15me siècle[9] drucken lassen, war dabei täglich mehrere Stunden bei Arago auf der Sternwarte, jeden Abend bis 2 Uhr in Gesellschaft und wurde dabei, wie Sie aus meinen zu häufig in den Zeitungen angekündigten Besuchen der Tuilerien geahnt haben, während des Baron Werthers[10] Abwesenheit[11] von meinem Könige[12] politisch beauftragt.[13] Nach so verlebten fünf Monaten und einer eisigen Rückreise von $-9°$ Réaumur[14] kommt mir Berlin wie eine leider! am Hofe karnevalslustige, tanzende Nekropolis[15] vor, in der nach dem unglücklichen Verlust, den ich erlitten,[16] mir niemand als mein innigst geliebter, geistreicher Freund Encke übrig bleibt[17] [...]

4 Im Sinne von: Störenfrieden.

5 Im Sinne von: eindringen, belästigen.

6 François Arago; siehe S. 115, Anmerkung 249.

7 Zwischenstockwerke.

8 Das Gebäude der Pariser Akademien.

9 Examen critique de l'histoire de la géographie du Nouveau Continent et des progrès de l'astronomie nautique aux quinzième et seizième siècles. T. 1–5, Paris 1836/39. (Deutsche Ausgabe: Kritische Untersuchungen über die historische Entwickelung der geographischen Kenntnisse von der neuen Welt und die Fortschritte der nautischen Astronomie in dem 15. und 16. Jahrhundert. Bd. 1–3, Berlin 1836/52.)

10 Wilhelm Frh. von Werther (1771–1859), preußischer Diplomat.

11 Werther war damals preußischer Gesandter in Paris.

12 Friedrich Wilhelm III. von Preußen.

13 Die von Humboldt in dieser Zeit verfaßten Berichte sind veröffentlicht durch Jean Théodoridès: Alexandre de Humboldt, observateur de la France de Louis-Philippe. (Rapports diplomatiques inédits.), Paris 1972.

14 Das sind minus 11,25 Grad Celsius. Humboldt bediente sich der von dem französischen Physiker René Reaumur (1683–1757) eingeführten Temperaturskale; er war etwa am 9. 1. 1836 wieder in Berlin eingetroffen.

15 Totenstadt.

16 Durch den Tod seines Bruders Wilhelm von Humboldt; siehe Anmerkung 1 zu Brief 37.

17 Das kann, wenn es ernsthaft gemeint ist, nur zeitweilig Humboldts Ansicht gewesen sein, denn seine Beziehungen zu dem konservativen Berliner Astronomen Johann Franz Encke (1791–1865) waren zwar wissenschaftlich eng, aber nicht freundschaftlicher Art.

39

An Christian Gottfried Ehrenberg[1]
Teplitz,[2] 28.7.1836
Biermann 1983, S. 100

Ich glaube nicht, daß man den Gebrauch der Vernunft oder gar das Wort Naturphilosophie verpönen darf, man muß nur dem Worte durch bessere Anwendung der Vernunft zu Ehren helfen. Das Anordnen des Empirischen nach Ideen ist eine erlaubte Naturphilosophie, das Schaffen aus bloßen Ideen, ohne empirisches Substrat,[3] ist eine verderbliche.

40

An Karl August Varnhagen von Ense[1]
Berlin, 2.5.1837
Varnhagen 1860, S. 37

Ich wollte Sie bitten, nicht über mich zu lachen, wenn Sie morgen zu einer Lektüre bei der Fürstin [Pückler][2] eingeladen werden. Ich kann es Ihnen beschwören, es liegt minder Eitelkeit (von der ich übrigens gar nicht frei bin), als Schwäche des Charakters und Gutmütigkeit in diesem Schritt. Ich glaubte, der Fürstin diese Satisfaktion[3] geben zu müssen – die Tochter drang auch in mich –, und sie zeigte mir eine harmlose Liste von zehn Personen. Wollen Sie jemand oder mehrere vorschlagen oder mitbringen, so ist es mir sehr angenehm, nur nicht Leute, die schon gehört haben.[4] Ihre Freunde sind die meinigen, von den Ihrigen kann ich Nachsicht erwarten. Ich behaupte, daß es nicht

Brief 39

1 Christian Gottfried Ehrenberg (siehe S. 117, Anmerkung 266) begleitete Humboldt auf seiner russisch-sibirischen Reise 1829.

2 Humboldt begleitete zwischen 1828 und 1839 den König Friedrich Wilhelm III. insgesamt zehnmal auf den Badereisen nach Teplitz (heute Teplice).

3 Grundlage.

Brief 40

1 Karl August Varnhagen von Ense (1785–1858), ehemaliger Diplomat, oppositioneller Schriftsteller in Berlin; Freund Humboldts.

2 Lucie Fürstin von Pückler-Muskau, gesch. Reichsgräfin Pappenheim, geb. Gräfin von Hardenberg (1776–1854), Ehefrau des Gartenarchitekten Hermann Fürst von Pückler-Muskau (1785–1871) und Tochter des Staatskanzlers Hardenberg (siehe S. 27, Anmerkung 21).

3 Genugtuung.

unverdienstlich ist, wenn ein Mensch, der sein Leben mit Zahlen und Steinen zugebracht, sich soviel Arbeit gegeben hat, deutsch schreiben zu lernen.

41

An Heinrich Christian Schumacher

Berlin, 26.10.1839

Biermann 1979, S. 90

Ich muß herzlich um Entschuldigung bitten, mein teurer, hochverehrter Freund, daß ich seit einiger Zeit so fahrlässig im Schreiben bin. Die zunehmenden Pendelschwingungen zwischen beiden sogenannten Residenzen[1] und mein oft sehr unliterarisches, fledermausartiges Leben, dessen Unruhe durch die Eisenbahn noch vermehrt wird, haben mich wunderbar zerstreut. Ich habe dazu den einst berühmten Hügel, Sanssouci, mehr als gewöhnlich bewohnt, und dieser Teil meiner Existenz ist, wie Sie wissen, der geistig erfreulichere.

42

An Carl Ludwig Michelet[1]

Berlin, 22.10.1840

Michelet 1884, S. 45

Durch die eingeschränktere Richtung meines Geistes und die Verhältnisse meines vielbewegten Lebens den höheren Genüssen, welche die Philosophie gewährt, entfremdet, habe ich in meinem rohen, rein empirischen Wissen doch instinktmäßig nie den Ansichten gefrönt, welche die Intelligenz entehren, als wäre

4 Nämlich die Vorlesung Humboldts, die dieser offensichtlich wiederholt in kleinem Kreise gehalten hat. Varnhagen notierte in seinem Tagebuch: »Die Vorlesung war sehr schön und machte den besten Eindruck.« Er sprach mit einem der Anwesenden über Humboldt und war sich mit diesem einig: »Wenn der einmal tot sein wird, dann wird man erst recht wissen, was man an ihm gehabt hat.« (Varnhagen 1860, S. 38.)

Brief 41

1 Das Hin- und Herreisen zwischen Berlin und Potsdam mit dem König Friedrich Wilhelm III.

Brief 42

1 Carl Ludwig Michelet (1801–1893), Philosoph (Hegelianer) in Berlin.

die Gedankenwelt, ihrer Natur nach, die Region phantastischer Truggebilde.

43
An Gustav Schlesier[1]
Sanssouci, 12.10.1843
Humboldt 1973, S. 13

Nicht bloß, daß ich keine Papiere, deren wichtige durch meine Hände gegangen, aufgehoben, ja mein Haß gegen eigenes Aufsammeln ist so kindisch, daß ich stets alle Briefe (Schiller, Goethe, Wilhelm [von Humboldt], Frau von Staël,[2] Canning,[3] Jefferson,[4] Hardenberg mit inbegriffen) lustig verbrannt habe,[5] ja von mir selbst nicht aufzufinden weiß, in welchem Jahre ich irgendwo war, während ich alles mit Bleistift auf den Kordilleren vor 43 Jahren Geschriebene (Beobachtungen, ja naturhistorische Phantasien und Träumereien) sorgfältig aufgehoben, ja mit Registern versehen habe.[6]

44
An Gotthold Eisenstein[1]
Potsdam, 29.10.1846
Biermann 1983, S. 122–123

Wie unendlich freue ich mich, mein teurer lieber Eisenstein, daß Sie es endlich über sich gewonnen haben, sich mir wieder zu nähern und mir frei Ihr Herz auszuschütten. Diese Freude ist frei-

Brief 43

1 Gustav Schlesier (geb. 1811), Schriftsteller, Biograph Wilhelm von Humboldts.

2 Germaine de Staël-Holstein, geb. Necker (1766–1817), französische Schriftstellerin.

3 George Canning (1770–1827), britischer Staatsmann.

4 Thomas Jefferson; siehe S. 103, Anmerkung 217. Humboldt hatte ihn im Juni 1804 in Washington besucht.

5 Wenn Humboldt schreibt, er habe »alle« an ihn gerichteten Briefe vernichtet, so ist das eine Übertreibung. Er hob in der Regel solche Briefe auf, deren Inhalt ihm wichtig erschien, und zwar meist dann, wenn er glaubte, bei der weiteren Arbeit aus ihnen Nutzen ziehen zu können.

6 Diese Reisejournale Humboldts befinden sich heute in der Handschriftenabteilung der Deutschen Staatsbibliothek zu Berlin/DDR. Die »Register«, von denen Humboldt spricht, sind allerdings über Ansätze nicht hinausgekommen.

lich mit schmerzlichen Gefühlen gepaart. Sie irren gewiß nicht, wenn Sie hoffen, daß ich Ihnen nicht bloß anhänge, weil die Natur Sie mit so herrlichen Gaben des Geistes in so frühem Alter ausgestattet; Sie sind meinem Herzen näher getreten durch Ihr stilles, sanftes, inneres, liebenswürdiges Wesen, durch den von mir früh geahnten Ausdruck der Traurigkeit, die Sie um's Himmels willen nicht fortsetzen müssen, Herrschaft über Ihre anderen Seelenkräfte gewinnen zu lassen. Sie sollen nicht fortfahren, alles zu fliehen; den Glauben muß man tilgen, daß andere Menschen sich nicht um Sie kümmern wollen. Kommen Sie in den nächsten Tagen, mich hier zu besuchen, mein teurer Eisenstein. Trotz meines Uralters werden, ich weiß es, liebevolle Worte der Teilnahme Ihrem verödeten Herzen wohltun [...] Möchte meine herzliche Teilnahme an ihrem Kummer (zu dem doch wohl nicht mir unbekannte literarische Angriffe beitragen)[2] Ihrem edlen Herzen wohl tun: Ich werde nicht schelten, Sie nicht unmännlicher Schwäche zeihen, ich werde Sie fühlen lassen, wie viel auch als Mensch Sie mir wert sind.

45

An Adelbert von Ladenberg[1]

Berlin, 11.3.1849

Biermann 1959, S. 85

Bald abtretend aus einem vielbewegten, arbeitsamen Leben, glaube ich, als Gelehrter eine Pflicht zu erfüllen, wenn ich für die spreche, die in Astronomie, Physik, Chemie, Mathematik zugleich durch eminentes Talent und durch Lehrtätigkeit den alten Ruhm deutschen Wissens zu erhalten und zu *erneuern* verheißen.[2] Frische, neue, wohlgerichtete Kräfte sind in der Zeit, in die wir getreten, die ich herbeigewünscht und an der ich nicht verzweifle, mehr als je nötig.

Brief 44

1 Gotthold Eisenstein (1823–1852), Berliner Mathematiker, von Humboldt sehr gefördert.

2 Durch den Berliner Mathematiker Carl Gustav Jacob Jacobi (1804–1851).

Brief 45

1 Adelbert von Ladenberg (1798–1855) preußischer Kultusminister 1848/50.

2 Daß sich indessen Humboldts Fürsorge für junge Wissenschaftler keineswegs auf Naturforscher beschränkte, belegt der folgende Brief 46 als Beispiel.

46

An Heinrich Brugsch[1]
Potsdam, 9.10.1853
Brugsch 1894, S. 187–189

Mein teurer Brugsch! Ich habe mir bittere Vorwürfe zu machen, daß ich Ihnen nicht öfter und früher Zeichen des Lebens, der innigsten Freundschaft und des Dankes für so überaus wichtige und liebevolle Briefe gegeben habe. Aber der Gedanke, daß Sie auch nur einen Augenblick an meiner innigen Anhänglichkeit, an meiner immer zunehmenden Achtung für Ihr schönes Talent und Ihre beispiellose und doch so geregelte Tätigkeit zweifeln könnten, kann mir nicht in den Sinn kommen. Fast jeder Ihrer Briefe, auch die an mich gerichteten, ist dem Könige[2] vorgelegt und von ihm mit dem Wohlwollen, das er Ihnen so unabänderlich geschenkt, angehört worden.

Ob diese Zeilen sicher in Ihre Hände kommen, mein teurer Doktor, scheint mir sehr ungewiß.[3] Ihr Hauptzweck ist der, Ihnen die frohe Nachricht zu geben, daß der Wunsch, den Sie mir in Ihrem Brief an Bord der Barke »Serapis« äußerten, vollkommen befriedigt worden ist. Sie meldeten, daß Sie vom November ab ohne Fonds sein würden und im Februar zurückkommen würden. Es ist mir leicht gewesen, vom König für Sie wieder auf ein ganzes Jahr 1500 Taler zu erlangen; damit ist nicht gesagt, daß Sie noch ein volles Jahr bleiben müssen, es wird Ihnen nur die Möglichkeit eröffnet, bis zu Ihrer Ankunft in Berlin noch über 1500 Tlr., nämlich jeden Monat über 125 Tlr., zu disponieren. Vielleicht gehen Sie noch in das Sinailand, wo so alte Inschriften sind, vielleicht machen Sie die Rückreise über Malta und London, wo Sie ganz auf Bunsens[4] Freundlichkeit rechnen können. In London ist viel, sehr viel zu lesen, und ein Aufenthalt in London wäre vielleicht in die ägyptische Reise einzurechnen, wenn die 1500 Tlr. Sie über London nach Berlin zurückführten. London werden Sie doch besuchen müssen, um

Brief 46

1 Heinrich Brugsch (1827–1894), Berliner Ägyptologe, den Humboldt bereits zu fördern begann, als Brugsch noch Schüler war.

2 Friedrich Wilhelm IV. von Preußen (1795–1861).

3 Brugsch befand sich auf einer Studienreise in Ägypten.

4 Christian Carl Josias Freiherr von Bunsen (1791–1860), preußischer Diplomat und Schriftsteller, trotz unterschiedlicher politischer Standorte mit Humboldt befreundet.

Ihre Arbeiten zu vervollständigen, und von Berlin aus, nach der ägyptischen Reise, wieder Geld zu einer Londoner Reise zu erlangen, möchte nicht so leicht sein. Es wäre besser, daß Ägypten und London eins würden und daß Sie mit den neuen jetzt bewilligten 1500 Talern bis August über Malta und London nach Berlin auskämen. Ich glaube gern an Frieden, aber auf die Zukunft ist in dieser Hinsicht doch nicht mit Sicherheit zu rechnen.[5] [...]

Ich billige sehr, daß Sie sich nicht mit der Böckh[6] in der Akademie versprochenen Arbeit übereilen. Auf einer Reise, wo es an allem Bücherapparat fehlt, ist nie etwas Vollendetes zu geben, auch nicht zu fordern, aber ehe Sie zurückkommen, ist eine Arbeit für die Akademie allerdings nötig,[7] da ich Ihre schönen Berichte an den König, die andere Zwecke der Unterhaltung haben mußten, immer geradezu Ihrem vortrefflichen Vater wiedergegeben habe.

47
An Karl August Varnhagen von Ense

Berlin, 13.1.1856

Varnhagen 1860, S. 304–305

Bunsen schreibt mir, er erwarte eine vierte Auflage seiner »Briefe«.[1] Beweist das viele Lesen und Kaufen des trefflichen, oder vielmehr nützlichen, Buches, daß das deutsche Publikum minder zum Handeln chloroformiert sei, als wir geglaubt? Dubito.[2] Der deutsche Gastwirt eines (dicunt)[3] recht schmutzigen Hotels, das unter meinem Namen in San Francisco in Kalifornien seit vielen Jahren – neben einem reinlicheren »von Jenny Lind«[4] – besteht, schickt mir von Zeit zu Zeit deutsche kaliforni-

5 Bezieht sich auf den Krimkrieg 1853/56 Rußlands gegen die Türkei, seit 1854 gegen England und Frankreich, ab 1855 auch gegen Sardinien.

6 August Böckh (1785–1867), Altphilologe in Berlin; mit Humboldt befreundeter langjähriger Klassensekretar der Berliner Akademie der Wissenschaften.

7 Brugsch folgte dem Rat und veröffentlichte in den »Berichten« der Berliner Akademie (1853, S. 717–732) einen »Reisebericht aus Ägypten, insbesondere über die demotischen Inschriften auf Stelen und Wänden der Serapis-Gräber«.

Brief 47

1 Die Zeichen der Zeit. Briefe an Freunde über die Gewissensfreiheit und das Recht der christlichen Gemeinde. Bd. 1–2, 3. Aufl., Leipzig 1856.

2 Ich bezweifle das.

3 Sagt man.

4 Jenny Lind (1820–1887), berühmte Sängerin (»die schwedische Nachtigall«).

sche Zeitungen. In einer Würdigung der moralischen und geistigen Zustände der Engländer, Franzosen und Deutschen sagte neulich der Redakteur: »Wir Deutsche sind ein Volksstamm von Denkern, tief in unserem Innern mit der Gedankenwelt beschäftigt, auch haben wir vor den anderen hier lebenden Stämmen *den großen Vorzug*, daß wir uns wenig oder gar nicht um die bürgerlichen und staatlichen Verhältnisse kümmern.« So rühmen wir uns an den Gestaden der Südsee, kaufen die »Zeichen der Zeit«,[5] gehen aber kaum 5 Prozent von uns zu den Urwahlen. Es ist unbequem. Wir denken.

48

An Ignaz von Olfers[1]

Potsdam, 10.11.1856

Olfers 1913, S. 211

Vielleicht haben Sie schon von der Gefahr? gehört sonderbarer Art, in die mich gestern aber diese Kunstliebe (Sie werden sagen: »Mais aussi de quoi vous mélez vous?«)[2] auf der Ausstellung gebracht. Zwei junge unverheiratete Damen sind mir und dem neben mir stehenden elektromagnetischen Dr. Remak[3] auf den Kopf gefallen, nicht in natura, sondern in einem 3 bis 4 Fuß langen Bilde, das sich zu diesem Zwecke in 8 Fuß Höhe ablöste. Mich hat der Hut ziemlich geschützt, aber Remaks Hut wurde durch die Ecke des herabfallenden Bildes eingedrückt, so daß er Schmerz fühlte. Die beiden Damen fielen nur bis auf unsere Hüte, nicht bis zum Boden. Richter[4] auf der anderen Seite empfing keinen Schlag. Die Ursache dieser ominösen Begebenheit scheint gewesen zu sein, daß im Gedränge an einer Türe ein darüber hängendes Bild senkrecht gehoben wurde und so das darüber hängende ausösete.[5]

---

5 Siehe Anmerkung 1.

Brief 48

1 Ignaz von Olfers (1793–1872), Generaldirektor der »Königlichen Museen« in Berlin.

2 In was mischen Sie sich auch ein?

3 Robert Remak (1815–1865), Mediziner in Berlin. Humboldt spielt im Scherz auf dessen Elektrotherapie von Nervenkrankheiten an.

4 Gustav Richter (1823–1884), Porträtmaler in Berlin.

5 Aus der Öse löste.

49
An einen Verehrer Schillers[1]
Potsdam, 11.5.1858
Loewenberg 1885, S. 340–341

Nicht ich, sondern mein Bruder Wilhelm und dessen Gattin[2] standen in inniger Verbindung mit dem großen Dichter, dem Sie ein so schönes Denkmal setzen. Meine Intelligenz gibt mir kaum Vertrauen genug, um das rein wissenschaftliche Werk zu vollenden, das ich leider unternommen habe. Ich bin Schiller nie nahe gestanden, habe in meinem ganzen Leben nicht mehr als zwei bis drei unbedeutende Briefe von ihm empfangen. Der große Mann scheint auch eine sehr geringe Meinung von meinen Fähigkeiten genährt zu haben. In seinen Briefen an Körner[3] schrieb er,[4] während ich in Jena war: »Alexander von Humboldt *ist ein beschränkter Verstandesmensch*«, er setzt sogar prophetisch hinzu: *»er werde trotz aller rastlosen Tätigkeit in seinem Fache nie etwas Großes leisten.«* Ich habe dieses Urteil erst gedruckt gelesen, als ich von der sibirischen Expedition zurückkam.[5] Freilich steht in denselben vertrauten Briefen an Körner auch von Herders[6] Werken, »sie seien Krankheitsstoffe, deren sich seine Natur entledige«. Das ist, wenn auch nicht härter, doch unreinlicher. In den wenigen Monaten, die ich in Jena[7] vor der amerikanischen Reise zubrachte, war ich, nach der Vollendung meines physiologischen Werkes über die gereizte Muskelfaser,[8] bei Lo-

Brief 49

1 Der Empfänger ist unbekannt. Er hatte Humboldt um einen literarischen Beitrag zugunsten eines Denkmals aus Anlaß des 100. Geburtstages von Schiller am 10. 11. 1859 gebeten.

2 Caroline von Humboldt.

3 Christian Gottfried Körner (1756–1831), sächsischer Jurist, Freund Schillers.

4 Brief vom 6. 8. 1797.

5 Das war 1829. – Humboldt besaß Schillers Briefwechsel mit Körner in der Ausgabe von 1847 (Berlin, Bd. 1–4), in die er handschriftliche Bemerkungen zu den Erwähnungen seiner selbst und seines Bruders eingetragen hat. (Henry Stevens, The Humboldt Library. A Catalogue of the Library of Alexander von Humboldt, London 1863, Reprint: Leipzig 1967, S. 652, Nr. 9155.) In diesem Erstdruck waren noch die stärksten Ausfälle Schillers gegen Humboldts »zu kleine, unruhige Eitelkeit«, Großsprecherei und Geltungsbedürfnis weggelassen worden.

6 Johann Gottfried von Herder (1744–1803), Geschichts- und Religionsphilosoph in Weimar.

7 Vor allem zwischen dem 1. 3. und 30. 5. 1797.

8 Versuche über die gereizte Muskel- und Nervenfaser, nebst Vermuthungen über den chemischen Proceß des Lebens in der Thier- und Pflanzenwelt. Bd. 1–2, Posen, Berlin 1797[–1798].

der, wie vorher bei Sömmerring,[9] mit menschlicher Anatomie beschäftigt und fast allein ein Gegenstand der Aufmerksamkeit von Goethe, der damals eine ganz naturhistorische Tendenz hatte. Ein vieljähriges Zusammenleben mit Arago,[10] eine lange Gemeinschaft der Arbeiten ließ mich (noch meiner inneren Kraft bewußt) etwas unternehmen, was tief mit meinem eigenen Ideenkreise[11] verwebt ist. Zu dem herrlichen Denkmale, das Sie errichten wollen, müssen Sie, verehrter Mann, nicht scientische Menschen,[12] sondern nur die einladen, welche in sich noch frische Kräfte fühlen durch Anregungen aus der Einbildungskraft geschöpft, den Ausdruck des Gefühls und der Bewunderung sprachlich zu erhöhen.

50
An Heinrich König[1]
Berlin, 28.7.1858

Bruhns 1872, 1, S. 104–105

Sie haben eine geistreiche, lebensfrische, physiognomisch wahre, unparteiische Biographie meines verewigten Freundes[2] geliefert. Sie haben mich zwei lange Nächte beschäftigt, da ich Ihr schönes, mit Gemütlichkeit und unverhaltenem Scharfblick geschriebenes Werk Seite für Seite gelesen. Ich habe viel glückliche, aber auch viel trübe Eindrücke empfangen. Seit 30 Jahren kenne ich fast nur nächtliche Muße. Ich habe ein halbes Jahrhundert zugebracht, wohin mich auch immer ein unruhiges, vielbewegtes Leben geführt hat, mir selbst und anderen zu sagen, was ich meinem Lehrer und Freunde Georg Forster in Verallgemeinerung der Naturansicht, Bestärkung und Entwicklung von dem, was lange vor jener glücklichen Vertraulichkeit in mir aufdämmerte, verdanke.[3] In diesen Nächten, trübe gestimmt, bei

9 Samuel Thomas von Sömmerring (1755–1830), Anatom und Arzt. Humboldt hatte ihn im Juli 1790 in Mainz kennengelernt, als er von England zurückkehrte.

10 In Paris, und zwar nach 1809 bis 1827.

11 Das heißt: wissenschaftliche Arbeiten.

12 Der Empfänger soll sich nicht an Wissenschaftler, sondern an literarische Autoren wenden.

Brief 50

1 Heinrich König (1790–1869), Schriftsteller.

2 Georg Forsters Leben in Haus und Welt. 2. Aufl., Leipzig 1858.

3 Vergleiche hierzu aber auch die oben wiedergegebenen, in Bogotá am 4.8.1801 niedergeschriebenen autobiographischen Aufzeichnungen Humboldts.

den jetzt schneller hinschwindenden Kräften, wurde lebhafter in mir die Erinnerung an die sonderbaren Ähnlichkeiten und Kontraste der Lebensbeziehungen mit Forster [wach]: Gleiche Richtung politischer Meinungen, keineswegs durch Forster erzeugt, sondern viel älter und nur genährt; erster Anblick des Meeres an der Seite des Weltumseglers, in einer Zeit, wo noch keine Hoffnung war, daß auch ich schon zwölf Jahre später die Südsee[4] beschiffen würde, mein Aufenthalt in London[5] als noch Cooks Witwe[6] lebte und Sir Joseph Banks mich, den 21jährigen Jüngling, lieb gewann; in meiner sibirischen Expedition betrat ich [die] Ufer der Samara, von wo der alte Forster[7] den so seltsam verwilderten Weizen an Linné nach Upsala schickte, ich 1829, Reinhold Forster mit Georg, als Knaben, 1765, vier Jahre, ehe ich geboren war; ich wurde unter Kaiser Alexander durch Graf Rumjancew 1812 zu einer großen naturhistorischen Reise durch Innerasien eingeladen, wie Georg Forster unter der Kaiserin Katharina[8] zu der wissenschaftlichen Weltumseglung durch den Flotten-Kapitän Mulovskij;[9] ähnliche Täuschung in den süßesten Hoffnungen, beide Male Verhinderungen der Expeditionen durch Kriege gegen Franzosen und Türken! Wie haben Sie mich angeregt durch Ihr teures Geschenk, alte Erinnerungen aufzufrischen, zu beleben!

---

4 Gemeint ist die Schiffsreise von Callao (Peru) nach Guayaquil (Ekuador) und von Guayaquil nach Acapulco (Mexico), 24.12.1802–4.1.1803 bzw. 17.2.–22.3.1803.

5 Mai und Juni 1790.

6 Die Witwe des berühmten Weltumseglers James Cook (siehe S. 37, Anmerkung 41).

7 Reinhold Forster; siehe S. 37, Anmerkung 47.

8 Katharina II. von Rußland (1729–1796).

9 Grigorij Ivanovič Mulovkskij (um 1762–1789), russischer Seeoffizier. Die genannte Reise kam nicht zustande.

QUELLENVERZEICHNIS DER BRIEFE UND BILDNACHWEIS

Quellenverzeichnis der Briefe

Berghaus 1869

Briefwechsel Alexander von Humboldt's mit Heinrich Berghaus aus den Jahren 1825 bis 1858, 2. Ausgabe, Bd. 1–3, Jena 1869 *[Brief 33]*

Biermann 1959

Kurt-R. Biermann, Über die Förderung deutscher Mathematiker durch Alexander von Humboldt. In: Alexander von Humboldt, Gedenkschrift zur 100. Wiederkehr seines Todestages. Hrsg. von der Alexander von Humboldt-Kommission der Deutschen Akademie der Wissenschaften zu Berlin, Berlin 1959, S. 83–159 *[Brief 45]*

Biermann 1962

Kurt-R. Biermann, A. v. Humboldts »Kosmos«-Vorhaben in Briefen an Bessel. In: Monatsberichte der Deutschen Akademie der Wissenschaften zu Berlin, 4 (1962), S. 318–324 *[Brief 35]*

Biermann 1968

Kurt-R. Biermann, Alexander von Humboldts wissenschaftsorganisatorisches Programm bei der Übersiedlung nach Berlin. In: Monatsberichte der Deutschen Akademie der Wissenschaften zu Berlin, 10 (1968), S. 142–147 *[Brief 34]*

Biermann 1973

Kurt-R. Biermann, Alexander von Humboldts Forschungsprogramm von 1812 und dessen Stellung in Humboldts indischen und sibirischen Reiseplänen. In: Studia z dziejów geografii i kartografii. Pod. red. Józefa Babicza, Wrocław, Warszawa, Krakow, Gdańsk 1973, S. 471–483 *[Brief 29]*

Biermann 1977
Briefwechsel zwischen Alexander von Humboldt und Carl Friedrich Gauß, hrsg. v. Kurt-R. Biermann, Berlin 1977 (Beiträge zur Alexander-von-Humboldt-Forschung, Bd. 4) *[Brief 32]*
Biermann 1979
Briefwechsel zwischen Alexander von Humboldt und Heinrich Christian Schumacher, hrsg. v. Kurt-R. Biermann, Berlin 1979 (Beiträge zur Alexander-von-Humboldt-Forschung, Bd. 6) *[Briefe 38, 41]*
Biermann 1983
Kurt-R. Biermann, Alexander von Humboldt, 3. Aufl., Leipzig 1983 (Biographien hervorragender Naturwissenschaftler, Techniker und Mediziner, Bd. 47) *[Briefe 39, 44]*
Brugsch 1894
Heinrich Brugsch, Mein Leben und mein Wandern, 2. Aufl., Berlin 1894 *[Brief 46]*
Bruhns 1872
Alexander von Humboldt. Eine wissenschaftliche Biographie, hrsg. v. Karl Bruhns, Bd. 1–3, Leipzig 1872 *[Briefe 25, 50]*
Holland 1914
W[illiam] J. Holland, Ein vor kurzem entdeckter Brief von Alexander von Humboldt. In: Deutsche Revue, 39 (1914) Bd. 3, S. 344–351 *[Brief 24]*
Humboldt 1923
Briefe Alexander von Humboldt's an seinen Bruder Wilhelm, hrsg. v. d. Familie von Humboldt, Berlin 1923 *[Briefe 30, 31]*
Humboldt 1973
Die Jugendbriefe Alexander von Humboldts 1787–1799, hrsg. v. Ilse Jahn und Fritz G. Lange, Berlin 1973 (Beiträge zur Alexander-von-Humboldt-Forschung, Bd. 2) *[Briefe 1 bis 23, 43]*
Loewenberg 1881
J[ulius] Loewenberg, Briefe Alexander v. Humboldt's an Frau v. Wolzogen. In: Vossische Zeitung, Sonntags-Beilage, Nr. 42 v. 16. 10. 1881, Sp. 9–12, Nr. 44 v. 30. 10. 1881, Sp. 4–7, Nr. 45 v. 6. 11. 1881, Sp. 8–12 *[Briefe 27, 36, 37]*
Loewenberg 1885
J[ulius] Loewenberg, Epistolarische Findlinge. In: Deutsche Revue, 10 (1885) Bd. 4, S. 337–342 *[Brief 49]*
Michelet 1884
Michelets Briefwechsel mit Alexander von Humboldt. In: Der Gedanke, Fliegende Blätter in zwanglosen Heften, hrsg. v. C. L. Michelet, 9 (1884) H. 1, S. 44–58 *[Brief 42]*

Olfers 1913
Briefe Alexander von Humboldt's an Ignaz v. Olfers, hrsg. v. E. W. M. v. Olfers, Nürnberg und Leipzig 1913 *[Brief 48]*
Sieveking 1923
Heinrich Sieveking, Karl Sieveking 1787–1847, Lebensbild, T. 1, Hamburg 1923 *[Brief 28]*
Sydow 1907
Wilhelm und Caroline von Humboldt in ihren Briefen, hrsg. v. Anna von Sydow, 5. Aufl., Bd. 2, Berlin 1907 *[Brief 26]*
Varnhagen 1860
Briefe von Alexander von Humboldt an Varnhagen von Ense aus den Jahren 1827 bis 1858, hrsg. v. Ludmilla Assing, 3. Aufl., Leipzig 1860 *[Briefe 40, 47]*

Bildnachweis

Akademie der Wissenschaften der DDR, Institut für Geographie und Geoökologie, Leipzig: S. 161
Prof. em. Dr. Kurt-R. Biermann: S. 105, 168, 186 (unten), 189, 190, 191
Deutsche Fotothek, Dresden: S. 42 (unten), 192 (Foto: Nagel)
Deutsche Staatsbibliothek Berlin/DDR,
– Porträtsammlung: S. 185
– Kartenabteilung: S. 186 (oben)
– Asien- und Afrika-Abteilung: S. 187
Institut für Denkmalspflege, Dresden: S. 44 (oben)
Museum für Naturkunde der Humboldt-Universität, Hist. Bild- und Schriftgutabteilung: S. 43
Staatliche Museen zu Berlin,
– Nationalgalerie: S. 48, 73
– Kupferstichkabinett: S. 188
Stadtarchiv Frankfurt/Oder: S. 42 (oben)
Städtische Museen Jena: S. 44 (unten)
Universitätsbibliothek Leipzig: S. 46, 47, 74–80, 106–112, 129–136, 162–167
Verlagsarchiv: S. 41, 45

PERSONENREGISTER

I

J

K